Hot Melt Adhesive and Rheology

热熔压敏胶及其流变学

曹通远　编著

化学工业出版社

·北京·

内容简介

本书在对热熔压敏胶的相关背景和作者研究成果进行简单介绍的情况下，重点阐述了胶黏科学与流变学的基础知识、热熔胶与流变学的基础知识、热熔压敏胶的组成和生产、热熔压敏胶的检测方法、影响热熔压敏胶的其他变量、热熔压敏胶的应用等内容。

本书适合胶黏剂行业的生产、研发、管理等人员和精细化工专业的师生参考。

图书在版编目（CIP）数据

热熔压敏胶及其流变学 / 曹通远编著. -- 北京：化学工业出版社，2024. 11. -- ISBN 978-7-122-46388-3

I. TQ430. 7

中国国家版本馆 CIP 数据核字第 2024QL0881 号

责任编辑：张　艳　　　　　　　　装帧设计：王晓宇
责任校对：边　涛

出版发行：化学工业出版社
　　　　　（北京市东城区青年湖南街 13 号　邮政编码 100011）
印　　装：北京天宇星印刷厂
710mm×1000mm　1/16　印张 19¼　字数 309 千字
2024 年 11 月北京第 1 版第 1 次印刷

购书咨询：010-64518888　　　　售后服务：010-64518899
网　　址：http://www.cip.com.cn
凡购买本书，如有缺损质量问题，本社销售中心负责调换。

定　　价：148. 00 元　　　　　　　版权所有　违者必究

序 一

在胶黏剂行业，我经常感叹我国台湾企业是大陆企业的师傅，他们较早在粤、闽等地投资建厂，引导和带动了大陆产业的发展。曹通远博士就是一位进入大陆较早的我国台湾研发人员，在我们热熔胶圈内无人不尊称他为曹博士。他为人谦和，敦厚友善，是很多热熔胶从业者的良师益友。

曹博士擅作学术报告，为人所熟知。我刚到协会工作之初，就经常联系曹博士，无论是邀请他作专题报告还是向他请教技术问题，他总是有求必应。最令人难忘的是，曹博士每次演讲，几乎都带上一两件道具，有时是产品小样，有时是一台试验设备。他那种锲而不舍的钻研精神、充满执着的专业追求、从不言倦的精神状态，使其所作报告极富有感染力。

曹博士在海内外多地从业数十载，也经历了创业成功和人生起伏，因而心灵感悟极深。曹博士是认真、执着的，胶黏理论不可能只有一种，胶黏科学仍需要我们共同去长期研究和探索，我想这就是曹博士坚持研究、笔耕不辍的原因吧。

按曹博士自己的说法，他做了一辈子的热熔压敏胶。当第一本书《热熔压敏胶技术及应用》于2018年初问世时，我是一口气读完了全书，并作了批注，阅后仍感意犹未尽。这是一本独特的胶黏剂专著，完全不同于大陆学者的写作风格，从字里行间里，能看出曹博士付出的全部心血所在，他是用毕生经历在写这部专著。流变学是一门深奥的理论，曹博士却用相对简单的流变学概念和深入浅出的方式去阐释热熔压敏胶的力学性能与高分子结构的关系，从而为配方设计和性能研究提供对应的指标或工具，这的确是一项创举。自此书出版几年来，越来越多的学者认识到流变学知识对研究热熔压敏胶的重要性。在曹博士本次所著的第二本书——《热熔压敏胶及其流变学》里，他再次强调了流变学理论，用流变学知识系统地论述了热熔胶的原料组成、生产工艺、质量控制、性能检测、应用等方面，形成了一套近乎完整的热熔胶粘接机理。

  我相信，流变学理论就像三维拼图一样，把与热熔胶相关的每个指标、每个应用领域结合起来，进一步拓宽我们对热熔胶的认识，从而达到完善理论建构、提升研究质量的目的。换言之，曹博士倾力倡导的流变学将为促进热熔胶行业全面发展提供学术支撑和理论支持，为生产和应用体系实施方案提供多样化的选择。

杨栩

中国胶粘剂和胶粘带工业协会副理事长兼秘书长

2024 年 8 月　北京

序 二

曹通远博士的第二本专著——《热熔压敏胶及其流变学》就要出版了，我非常高兴，并向他致以热烈的祝贺和衷心的感谢。祝贺他再一次取得了人生的成功！感谢他为中国热熔胶行业，甚至为整个世界热熔胶行业所作出的贡献！

《热熔压敏胶技术及应用》是曹通远博士的第一本专著，它的出版填补了中国热熔胶行业没有"热熔压敏胶"专著的空白，在中国热熔胶行业内引起了广泛的影响。我很高兴，这本专著的出版与我密切相关。

2015 年，在东莞市成铭热熔胶博物馆的创建过程中，我花费了大量的时间与精力来收集热熔胶文献，发现关于热熔胶的书籍只有两本，还没有一本有关热熔压敏胶的理论专著。当时，在网上查阅相关资料时，看到曹通远博士有关热熔压敏胶的系列文章，鉴于对科技工作者及对粘接理论研究者的尊敬，我把他的系列文章装订成册，放在博物馆专门的展柜里展出。当时，曹博士正在治病期间，邮件联系不上他，又没有电话。是年 9 月份，有一天我欣喜地接到了他的电话，知道他基本康复，来到中国。我们急切地见面，听他讲热熔压敏胶和他的人生故事；我也讲创建热熔胶博物馆的故事给他听。

谈到"热熔压敏胶技术及应用"的文章，我提议用他的系列文章找出版社出版，还用了"思想是永恒的，生命是有限的，只有出版书籍才能让生命变成永恒"等话语劝他出版书籍，他同意了我的看法，并在化学工业出版社正式出版。为了满足广大读者系统学习的需求，我们又连续组织了三期"热熔压敏胶技术与应用"培训班，每次学员都超过了设定的人数。培训活动得到了学员们的广泛好评和肯定，大家都表示收获满满。这个培训班在一定程度上推进了中国热熔压敏胶行业的技术进步。

《热熔压敏胶及其流变学》是《热熔压敏胶技术及应用》的升华版，内容更加丰富，结构更加紧密，主题更加鲜明，增加了"EVA 与 APO 基热熔胶与流变学的基础知识"等内容，调整了章节结构，以"流变学"理论来解决热熔胶在技术研发、原材料评估、生产工艺、品质检验、市场应用等中的问题。相比《热熔压敏胶技术及应用》，这本书更为完整、系统、全面，是一本难得的热熔胶研发工程师的参考书。

　　本书的出版面世非常不容易，近几年发生了很多事情，让出版工作也遇到了一些困难。我知道，本书的出版，还得到了华东理工大学郝大卫博士、沃特世科技（上海）有限公司李润明博士、耐驰科学仪器商贸（上海）有限公司刘萍博士等专家的鼎力支持，感谢他们。

　　中国胶黏剂行业近年来高速发展，各方面都取得了非常大的进步。我国已是世界产销量最大的国家，但在高端胶黏剂市场方面，欧美等发达国家的品牌依然占据主导地位；在粘接理论方面，我们还落后欧美等发达国家很多。为此，东莞市成铭热熔胶博物馆希望能在粘接理论方面做一些工作，在未来能参与更多优秀胶黏理论、应用图书的出版、翻译工作，为促进中国胶黏剂行业的发展与进步略尽绵力。

王贤胜

东莞市成铭热熔胶博物馆

2024 年 8 月　东莞

前 言

生活中有很多种类的胶黏剂及配方。在使用过程中，一般都需要有媒介物，如水、溶剂、热或某种能量等。当这些媒介物在过程中消失时，胶黏剂需要在接合的两物质间产生适当的接合力量。但是，不管是液态还是固态的胶水，接合都需要经过三个步骤。首先是贴合（bonding），接着是接口间相互吸附，最后是分离（de-bonding）。这三个步骤涉及胶黏剂的流变性与极性。通常，不管哪种胶黏剂，欲得到较高的分离力，必须在贴合时得到最大的接触面积；当接触到被贴物表面后，可以利用极性差异较大得到较高的接合力；分离时，在分离的方式和条件下（每个测试方法的温度、速度、角度和时间等不同），适当的配方会呈现较长的胶腿（peeling leg）。因此，总体能量或分离力会较高。这本书主要是探讨苯乙烯嵌段共聚物（SBC）热熔压敏胶的流变性，也会简单地提到乙烯-醋酸乙烯（EVA）基和无规聚烯烃（APO）基热熔胶的流变性。

在出版第一本书——《热熔压敏胶技术及应用》时，出版社曾经建议先介绍流变学。基于当时我的身体状况和出版的时间短促，很遗憾的，我并没有办法完成和满足出版社的建议。为此，我总感觉第一本书不够完整。因此，在出版第二本书——《热熔压敏胶及其流变学》时，我决定花点时间将原来的章节按照出版社的建议进行调整，先讲流变学。除了将章节顺序重新排列外，还加入了一些新的内容并包含了很多流变图。第 1 章为热熔压敏胶简介。第 2 章介绍流变学和胶黏科学的基础知识。第 3 章介绍 EVA 与 APO 基热熔胶与流变学的基础知识。第 4 章讲热熔压敏胶的组成和生产并加入了一些原料的流变性。关于热熔压敏胶的检测方法与影响热熔压敏胶的其他变量分别在第 5 章及第 6 章讨论。在第 7 章热熔压敏胶的应用中加入了许多热熔压敏胶的用途。我觉得新版的书已较为完整。要写一本理想且实用的书，特别是要以流变学来贯穿所有使用的原料、检测方法、应用及胶黏科学而不提及每种应用的配方实在相当困难。笔者只能将过去实验的结果整理，尽量以流变性来解释。

目前，流变学已经成功地应用于：

（1）热熔压敏胶原物料检验；

（2）热熔压敏胶制成品检验；

（3）基础胶黏科学相关性研究；

（4）热熔压敏胶产品开发；

（5）热熔压敏胶加工作业条件调试；

（6）个别应用市场的障碍排除方法的探讨。

当然，有些基础实验还需要靠后来者共同完成。将来，笔者还会不断加入新的内容，期望能满足读者的需求。

曹通远

2024 年 9 月

目 录

第 3 章　热熔胶与流变学的基础知识　045

第 4 章　热熔压敏胶的组成和生产　092

第 5 章　热熔压敏胶的检测方法   135

第 6 章　影响热熔压敏胶的其他变量　204

第 7 章　热熔压敏胶的应用　226

后　记　290

参考文献　291

第1章
热熔压敏胶简介

　　热熔胶与热熔压敏胶会黏的理论甚多。本文简单回顾几个重要理论，最终从物质的黏弹性（流变学）切入来介绍压敏性。

　　热熔胶与热熔压敏胶的定义有很多种。本书从热熔胶热塑性的本质出发，以在整个热熔胶生产和施胶的过程中都没有化学反应发生作为热熔胶的定义。因此，如果基于某种需要而在高分子链上引入官能团，在后端加工时刻意让化学反应发生，不应称之为热熔胶。凡是在室温仍存在黏性或永久开放的热熔胶，称之为热熔压敏胶。各种热熔胶都有可能成为热熔压敏胶。但其中以 SBC（苯乙烯嵌段共聚物）为基础的热熔压敏胶最容易制备。由于没有挥发性有机物质，具有快速固化等优良特性，热熔胶和热熔压敏胶都有很多应用市场。凡是可以通过某种耐溶剂性或是耐热性市场测试的热熔胶和热熔压敏胶都值得胶黏剂配方者去开发。如果耐溶剂性或是耐热性是一般热熔胶和热熔压敏胶本质上无法克服的障碍或限制，就不需要把时间浪费在无法达成的目标上。

1.1　压敏胶黏性的理论回顾

　　压敏胶黏剂（简称压敏胶，PSA）的性能主要取决于胶黏剂的压敏初黏性（tack）、耐剥离性（peel）和剪切性（shear）。许多的其他性质，例如黏度（viscosity）、耐溶剂性和耐低/高温性，取决于胶黏剂的应用领域，在某些应用中也是重要的。人类为压敏胶黏剂开发制定了各种标准测试方法，以便能在各种不同的工作条件下，模拟压敏胶黏剂的各种分离力和断裂特性。一般来说，压敏胶初黏性是 PSA 中最重要的参数，因为只有当胶黏剂与被粘物之间具有可测量的粘接力时，才能确定压敏胶黏剂对被粘物的剥离力和剪切力。

压敏胶黏剂具有能使胶黏剂通过轻微压力和短暂接触时间即与另一种材料的表面形成结合的特性。压敏胶黏性（pressure sensitive adhesion）的ASTM 定义要求建立的粘接力是可测量的强度。自从第一批隐形胶带（scotch tape）被推广以来，胶黏剂研究人员和配方设计师就已经花了大量精力来研究压敏胶黏剂的粘接机理。很多研究者先后提出了形态学（morphology）、黏弹性（viscoelasticity）或动态学特性（dynamic mechanical properties）的相关理论来阐述粘接力。这其中主要包括了下述一些最重要的理论。

1.2 压敏胶黏性研究历史概略回顾

（1）两相体系形态学（1957—1970 年） Wetzel 是研究压敏粘接机理的著名研究人员。他利用电子显微镜技术为天然橡胶（NR）、合成橡胶（SBR）和松香酯的混合物提出了一个著名的两相体系。他表示，在低质量比（松香酯质量分数小于 40%）的混合物中，树脂会完全溶解到橡胶里，因此，混合物的压敏胶黏性会比纯橡胶（NR）略高。混合物在这些质量比下是均匀的。当混合 40% 以上的树脂时，粘接力会迅速升高。这是因为橡胶已经被加入的树脂溶解，并且形成由树脂和低分子量橡胶组成的分散的第二相。由于分散相赋予比连续相低得多的黏度，因此允许混合后的胶黏剂很快速地润湿被粘物，并在被粘物表面形成不规则或比较粗糙的形貌。换句话说，它有效地增加了接触或粘接面积。第二阶段，树脂继续增加，直到最大量的低分子量橡胶已经溶解到分散的树脂相中为止。这是最大的黏着点或质量比发生的范围。当树脂浓度或质量比再进一步增大时，分散的树脂继续增长并导致相转化。在这个阶段，树脂反而会变成了连续相；混合物本质上是不能润湿被粘物表面的。因此，无法观察到相应胶黏性参数，如初黏性、剥离力及持黏力。

许多胶黏剂研究人员，如 Hock 和 Abbott，通过使用复制电子显微照片来支持 Wetzel 的两相理论。后来，DeWalt 提出了一种溶解度概念来支持Wezel 发现的结果。他认为，黏性取决于橡胶和树脂的溶解度相似性。换句话说，DeWalt 认为兼容的橡胶和树脂才可以产生较大的黏性。

（2）黏弹性（1966—1990 年） 尽管 Wetzel 的两相理论得到了前述研究

人员的支持，但也有许多科学家后来认为两相理论对许多粘接行为的解释并不能令人满意。Fukuzawa 和他的同事利用电子显微镜和扭转计时装置（torsional pendulum apparatus，TPA）测量得出天然橡胶和聚萜烯树脂的共混物是完全可混合的或是单相体系。Kamagata 和同事发现当树脂浓度超过 40%（质量分数）时，天然橡胶/松香季戊四醇酯共混物的机械损失（mechanical loss）是两峰的特征。Sherriff 认为，两相理论似乎解释了树脂浓度变化所造成的黏性变化，但是考虑到速率效应时两相理论却会失效。也就是说，当胶黏剂通过不同的速率分离时，两相理论却不能解释黏性的变化。Sherriff 及其同事还指出，用各种树脂［如松香酯，聚 α-萜烯树脂和聚合二环戊二烯（DCPD）］增黏的天然橡胶可以形成单相或两相体系。因此，这些研究人员认为初黏性的测量取决于胶黏剂的黏弹性和玻璃化转变温度（T_g）之间的平衡。只要增黏剂和橡胶并非完全不兼容，黏性的产生就不只是取决于增黏剂和橡胶的兼容性高低。

（3）动态力学性能（dynamic mechanical properties）　以下部分回顾了主要的动态力学性能和胶黏理论的研究。

① 1966—1969 年。Dahlquist 是引进黏弹性用来了解压敏黏性的先驱之一。他指出，通过改变应力速度（stress rate），压敏黏性曲线中的最大值可以依不同的树脂浓度而转移。因此，他提出了一种两步法的粘接机制来描述压敏黏性，即粘接性能是贴合（bonding）和分离（de-bonding）两种过程所造成的。为了赋予相当程度的黏性，胶黏剂应具有所需的一秒钟蠕变性（one second compliance），J（1sec）$>10cm^2/dyn$（$1dyn=10^{-5}N$）。

② 1973—1980 年。Sherriff 扩展了 Dahlquist 的理论，并表明最佳黏性取决于胶黏剂的流变性质，如储能模量 G'，黏度和玻璃化转变温度 T_g（DSC）。加入增黏树脂会降低模量和黏度。这种模量和黏度的降低将使胶黏剂相对于纯橡胶有更好的润湿性能。因此，胶黏剂比单独橡胶的黏性值更高。当树脂浓度或质量比接近并超过 40% 时，该效果变得很明显。当树脂浓度或质量比例升高到一定的高水平时，胶黏剂 T_g 将高于室温。在这种组合物中，胶黏剂是玻璃状的，并且黏性值迅速下降到零。这与室温通用型压敏胶被用于低温环境的情况相同。后来，Aubrey 和 Sherriff 也提出了橡胶-树脂混合物的黏弹性和剥离粘接性的相关性。

③ 1977—1982 年。Kraus 及其同事也研究了苯乙烯-异戊二烯-苯乙烯（SIS）基压敏胶黏剂的动态力学性能。与 Sherriff 的研究结果相似，Kraus

等发现，添加中间段（异戊二烯相）兼容性好的增黏剂将提高橡胶状中间段的 T_g，并降低橡胶平台的模量（G_n^o）。

④ 1984—1985 年。Class 和 Chu 研究了个别树脂的结构、浓度和分子量之间的关系及其对橡胶-树脂组合物的黏弹性的影响。他们试图建立黏弹性和压敏性能的相关性。关于最佳的黏性性能，他们认为当胶黏剂在室温下贴合，胶黏剂的室温 G' 在频率较低下可能也会较低，然而，在较高频率下，如 G' 数值较高时，就会出现较好的黏性。此外，它们还定量表征了许多商业胶带和标签所使用的胶黏剂的黏弹性，然后提出了这些胶黏剂的动态性能范围。因此，良好的压敏胶带胶黏剂需要室温下的 G' 为 $5 \times 10^5 \sim 2 \times 10^6 \, \mathrm{dyn/cm^2}$，$T_g$ 约为 $-15 \sim +10 \, ℃$，而标签胶黏剂需要较低的室温 G' 为 $2 \times 10^5 \sim 8 \times 10^5 \, \mathrm{dyn/cm^2}$。对于低温（冷冻与冷藏）、室温永久和可移动（removable）等应用，玻璃化转变温度要求是不同的。*Handbook of Pressure Sensitive Adhesive Technology* 一书中第 8 章 "Viscoelastic Properties of Pressure Sensitive Adhesive" 总结了大部分 Class 和 Chu 的研究。

虽然上述理论，特别是 Class 和 Chu 的，似乎令人满意地解释了压敏粘接的机理，但是 Tsaur 却揭示了这些研究的不足之处。

1.3 笔者研究理论成果总结：1986 年至今

（1）所有的形态学研究都忽略了压敏胶黏剂在使用时的分离温度、速度和角度等效应。实际上，最大的黏性很大程度上取决于测试分离温度、速度和角度等。例如，较低温度用的胶黏剂通常在低温下比在室温下表现得更好；通用型胶黏剂则通常在更高的速率下赋予更高的剥离强度。因此，对于胶黏剂两相系统，形态学研究虽可以简单地找到赋予可测量黏性的质量比范围，但不能确定最佳黏性的比例。

（2）Dahlquist 理论无法解释为什么橡胶与增塑剂（不加增黏树脂）的混合物没有初黏性（如 loop tack 及 probe tack），这种混合物也可以表现出大于 $1 \times 10^7 \, \mathrm{cm^2/dyn}$ 的一秒钟蠕变量。

（3）大多数研究人员发现初黏性很大程度上取决于胶黏剂的黏弹性。然而，针对怎样才是各种不同测试方法的压敏胶黏剂最佳比例选择，没有一个能够令人满意的解释。虽然 Class 和 Chu 似乎很好地解释了他们提出的理论，基于简单的双组分橡胶-树脂混合物的最佳粘接度，但是它们不能解释为什么在各种不同的频率，具有相同室温 G' 且有相同的 T_g 下的一些多组分胶黏剂，具有不同的 G' 和 $\tan\delta$（损耗角正切值）温度或速度曲线，赋予不同的黏性。因此，胶黏剂配方设计师如只根据 Class 和 Chu 胶黏剂的动态特性无法准确预测胶黏剂的综合性能。尽管他们所提出的理论提供了找到适当的橡胶与增黏树脂质量比的方向，能赋予良好的黏性，但仍然无法作为设计或微调压敏胶黏剂配方的有用工具。理想的黏弹性理论应该是胶黏剂配方设计师可以善用混合物的黏弹性作为调整成压敏胶黏剂配方的指标。

为了弥补这些缺陷，笔者提出了较明确的压敏胶黏着理论——贴合（bonding)-剥离（de-bonding）理论。该理论认为，压敏性能是由两个阶段产生的。良好的压敏胶黏剂需要有以下动态或流变特性：

（1）贴合阶段　在贴合时，胶黏剂要有较低的 G'，能以最小的压力瞬间使胶黏剂变形，同时要有较高的 $\tan\delta$ 值，会呈现较低的弹性（返回）或较多的能量消散，使胶黏剂永久变形或松弛。

（2）剥离阶段　在剥离时，胶黏剂要有较高的 G'，赋予胶黏剂高内聚力。如果是剥离模式，胶黏剂要同时具有较高的 $\tan\delta$ 值。在剥离胶黏失败之前，需要通过较长剥离脚（peeling leg）或较为拉长的剥离前端来消耗所提供的断裂能量，从而需要较高的剥离力。如果是剪切模式，则要求胶黏剂具有较低的 $\tan\delta$ 值，因而能在室温持黏力和高温 [高温持黏力或 SAFT（剪切粘接破坏温度）] 实验时得到最小化蠕变性（永久变形）或得到较长时间和较高温度的内聚失败（CF）所呈现的断裂模式。

上述的理论能够定性地提供压敏胶黏合的完整的概念和实际操作过程。它涵盖了之前提到的所有研究不足之处。实际上，如何将这一理论应用于压敏胶的配方开发将在下面的章节部分进行讨论。事实上，这是一个普遍的胶黏理论，可以应用于几乎所有的胶黏剂。通常，在贴合阶段，有四种胶黏剂可被使用，它们都可以将胶黏剂和被贴物黏合在一起。它们分别是：可以用轻压方式的压敏胶、加热的热熔胶、加水的水性胶和加溶剂的溶剂胶。尽管各种类型的胶黏剂用不同的方法来带动，但是当干燥的胶黏剂在室温时能符合所提出的动态特性或流变性时，它们就可以进行黏合。例如，热熔胶在冷却到其软化点附近之前会呈现出一定程度的"热黏性"。只有在那短时间内（开放时间）才能取得满意的黏合，从动态特性的角度来看，开放时间也与胶黏剂的动态性能有关。热熔胶在高温下具有低的 G' 和高的 $\tan\delta$，因此胶黏剂可以润湿被贴物并在表面具有令人满意的黏合性。与压敏胶不同，热熔胶在冷却到一定温度时会失去黏合性。在这个时候，它们太坚硬（高 G'）和没有揉曲性（低 $\tan\delta$ 值），因此无法形成令人满意的黏合性。一旦胶黏剂在室温时能满足所提出的流变性时，它们就可以在室温进行黏合。热熔胶从冷却到能使胶黏剂黏合到被贴物上的胶黏性能取决于测试的几何形状、测试条件和胶黏剂本身的流变性。有关流变性和热熔胶原料及测试方法的关系会在后面的章节中详细讨论。

第2章
胶黏科学与流变学的基础知识

胶黏科学是一门比较冷门且不易学到的科学，在亚洲从事这门科学研究的人也相对很少。更遑论热熔压敏胶。多数的胶黏研究人员都具有化学或化工的背景，许多化学和胶黏的名词都相通，本来这是件好事，但也因此限制了很多胶黏研究人员的想法。严格来说，胶黏科学是一门跨化学、物理和机械的学问。单一的学问无法涵盖所有的胶黏现象。早期的研究人员认为胶黏剂在室温会黏，从物体表面的相变化着手，认为胶黏性会有表面黏性是胶黏剂表面相变化所造成。譬如，天然橡胶的连续相在不断加入松香树脂后，当松香树脂的比例到某一程度后，通常是质量比在 40%～60%，松香树脂会变成连续相而天然橡胶会变成分散相。混合物在这种比例下会产生室温表面黏性。但是，这种想法或说法被许多后来的胶黏科学研究人员推翻。许多后来的研究者认为他们无法从相同分辨率的显微镜下看到相转变的现象。特别是天然橡胶与萜烯树脂混合时并没有相转变的现象。直到 20 世纪 60 年代，Carl Dahlquist 提出流变的想法，他认为所有会黏的物质都有一种特性，即物质的一秒钟蠕变性会大于 $10^7\,\mathrm{cm}^2/\mathrm{dyn}$。之后，大部分的胶黏剂研究人员才开始注重流变学与压敏胶黏剂的相关性。其中最成功的研究人员当数 20 世纪 80 年代任职于 Hercules 的朱胜根博士和 Class。朱胜根整理了所有的研究资料，写了 "Handbook of Pressure Sensitive Technology"（第 2 版第 8 章），是当时业界研究 PSA（pressure sensitive adhesive）的范本。

本文是在 Carl Dahlquist 和朱胜根等为胶黏剂行业作出重大贡献后，将他们的想法发扬光大。过去，流变学本身是一门相当冷门的学问。许多学化学合成或胶黏剂的研究者都视流变学为畏途，很少有人愿意下功夫去了解流变学的真实意义与实际用途。当然，计算机的发展也让流变仪的操作与实际意义能更接近我们的日常生活。本文尝试摒除传统艰涩的流变学理论，仅用深入浅出的方式或简单的流变学概念来解说压敏胶会黏的原因，同时也利用流变学的主要系数设法找出与压敏胶黏剂三力（剥离力、初黏力与持黏力）及其他物性的相关性。虽然流变系数无法明确提供高分子的结构数据，如传统分析实验室能提供的资料，流变仪却可以细致地提供所有物质（从柔软的水到刚硬的金属等）或胶黏剂在测试条件下的流变数据。特别地，流变系数可以明确测出如温度、速度、时间等条件变化下所相对的黏弹性。因此，对于热熔压敏胶，也能够使流变系数和胶黏剂各种测试结果相结合，成为压敏胶黏剂配方的指标或工具。

简单地说，一个很牢固的胶黏剂必须在测试或是使用时流动，得到最佳的流动、变形或润湿效果。当胶黏剂与被贴物密合之后，接下来，胶黏剂需要有较高的极性（阴阳极）与被接触物像磁铁般的结合。最后，胶黏剂必须在剥离被贴物时得到最大的分离能量。相反，要得到较低分离能量或是较低的胶黏物性，就必须让压敏胶黏剂有较低的流动、变形或润湿。如可移胶（removable adhesive）。每种压敏胶黏剂的应用与流变系数目标都可以从胶黏剂的流变系数与期望的胶黏物性预先了解。

在研究物质或胶黏科学之前，先在这里简单讨论黏性，弹性和黏弹性的定义等内容。

2.1 基础流变学术语

流变学（rheology）是研究物质流动和变形的科学。流变学有很多相关的术语。在胶黏领域，简化之，G' 和 $\tan\delta$ 是最常用的术语。它们的测定和定义，下面的章节将会详细讨论。

2.1.1 弹性和黏性的定义

物质的流动行为若以流变来分类，可分为

（1）黏性（viscous，像液体） 物质的流动阻力（例如水或低黏度油）。

（2）弹性（elastic，像固体） 物质储存变形能量的能力和变形后恢复形状的能力（例如钢和其他高模量材料）

（3）黏弹性（visco-elastic，有点像液体一样，也有点像固体） 物质弹性和黏性行为的结合。如向量一般，在 y 轴的投影是黏性，而在 x 轴的投影是弹性。黏弹性是黏性和弹性的向量和。黏弹性和时间、速度及温度是相关的。

事实上，地球上的所有的物质都是黏弹体。在定义上，应力（stress）是单位面积的力，剪切应力的符号是 σ_1，拉伸应力的符号为 σ_2。应变（strain）是测量相对于原来尺寸的形变量大小。剪切应变的符号 γ，拉伸应变的符号为 ε。对于一个剪切和拉伸的物体，它们的应力和应变的计算方式如图 2-1 所示。

应力：　　$\sigma_1 = F/A$
应变：　　$\gamma = \Delta x / \Delta y = \Delta x / H$
应变率：　$\dot{\gamma}' = \mathrm{d}\gamma/\mathrm{d}t = V/H$

(a)

应力：　　$\sigma_2 = F/A$
应变：　　$\varepsilon = \Delta L / L_0$
应变率：　$\dot{\varepsilon} = \mathrm{d}\varepsilon/\mathrm{d}t = V/L_0$

(b)

图 2-1　剪切和拉伸模式下的应力/应变行为（Rheometrics 资料）

胡克定律的弹性固体定义是任何一个弹簧的力与它的扭力成比例（Robert Hooke，1678）。这里假设物质是线性的。胡克定律可以定义固体的应力与应变关系，曲线具有线性（胡克）区域和非线性区域。在线性区域中，应力与应变的比值（斜率）（$\Delta y / \Delta x$）为"常量"，称为"模量" G：

$$\sigma = G\gamma \quad \text{或} \quad G = \sigma/\gamma$$

从流变学来说，必须在线性范围之内，或 σ 与 γ 的斜率不变时，胡克定律才成立（图 2-2）。物质在很小的形变量时，通常是在线性范围之内，但是当形变量比较大时，这些物质可能会在非线性范围内，物质会发生软化现象。线性的范围会受到温度等影响。比方说，在低温时线性范围较小，温度提高后，线性范围就可变大。

关于牛顿黏性流体定律，

原文为"The resistance arises from the lack of slipperiness originating

图 2-2　胡克定律的弹性线性和非线性范围（Rheometrics 资料）

in a fluid，other things being equal，is proportional to the velocity by which the parts of the fluid are being separated from each other（Isaac S Newton in Principia，1687）"。当其他条件相等时，由于流体缺乏滑移而产生的阻力，与流体各部分相互分离的速度成正比。同样地，在线性范围之内的流体才符合牛顿流体的条件（图 2-3）。

$$\sigma = \eta\dot{\gamma} \quad 或 \quad \eta = \sigma/\dot{\gamma}$$

式中　η——剪切速率。

图 2-3　牛顿流体定律的线性和非线性范围（Rheometrics 资料）

牛顿黏性流体定律可总结为：

① 针对液体的应力与应变率（剪切率）关系，相关曲线既有线性（牛

顿）范围也有非线性（非牛顿）范围。

② 在线性范围，应力比（斜率）与应变率（$\Delta y/\Delta x$）之比（斜率）为"常数"，称为"黏度"。

2.1.2　黏弹性的定义及仪器

前面说过，流变学（rheology）或动态力学分析（dynamic mechanical analysis，DMA）所测得的黏弹性（G^*）是黏性（G''）和弹性（G'）的总和（图 2-4）。

图 2-4　黏弹性是黏性和弹性的总和

流变学是研究物质变形（deformation）和流动（flow）的科学。20 世纪 70 年代以来，流变学就已经被广泛地应用在研究黏弹性和压敏胶黏剂（压敏胶）性能之间的相关性，例如压敏胶的剥离力、初黏力和持黏力。几乎所有的聚合物都是兼具黏性（能量耗散，viscous）和弹性（能量储存，elastic）行为的黏弹性（visco-elastic）材料。这些行为可以很容易地透过流变仪或动态力学分析仪在特定的条件下来测定。事实上，也没有任何其他的分析仪器可以用来检测材料的黏弹性。流变仪的供货商很多，但是早期（20 世纪 70 年代到 21 世纪初）只有美国的 Rheometrics Scientific 公司能够提供应变控制型（strain rheometer）流变仪（ARES）[图 2-5（a）]。当时，Rheometrics Scientific 的应变控制型流变仪垄断了整个流变仪市场。压敏性胶黏剂的主要流变研究数据也是按照 Rheometrics Scientific 的应变控制型流变仪设定，相关数据库因此成为业界的主流。后来，美国的 TA 公司买下了

Rheometrics Scientific 公司，推出了 ARES-G2 应变控制型流变仪［图 2-5(b)］。此后，TA 垄断了应变控制型流变仪市场。

(a)   (b)

图 2-5　Rheometrics ARES（a）和 TA ARES-G2（b）应变控制型流变仪

　　理论上，应变控制型流变仪和应力控制型流变仪（stress rheometer）应该得到相同的流变性。从计算原理来说，应变控制型流变仪是施加一个形变量（应变），然后测量所需的应力。而应力控制型流变仪则施加一个应力，然后测量需要的形变量。它们的计算结果应该相同（图 2-6）。

可控应力：施加应力，测量应变

应力　　　　　　　原材料　　　　　　　应变
（施加）　　　　　$g=f(\sigma,\cdots)$　　　　　（响应）

可控应变：施加应变，测量应力

应变　　　　　　　原材料　　　　　　　应力
（施加）　　　　　$\sigma=f(g,\cdots)$　　　　　（响应）

图 2-6　形变量与应力的关系（Rheometrics 资料）

　　两种仪器设计的示意简图如下（图 2-7）。应变控制型流变仪在施加一个形变量后立即以另一个传感器实时量测物质的应力。而应力控制型流变仪在施加给物质形变之后，由施加形变的同一个传感器量测物质的形变量。由于物质或高分子配方的反应时间差不尽相同，通常，应变控制型流变仪可以获得重现的结果，而应力控制型流变仪对于某些物质或高分子配方就很难获得相同的结果。

图 2-7　流变仪设计的示意简图（Rheometrics 资料）

应变控制型流变仪也可以借由形变量扫描，获得待测物质或高分子配方的线性黏弹性范围（linear visco-elastic range）（图 2-8）。

图 2-8　线性黏弹性范围（Rheometrics 资料）

前面已说过，线性黏弹性范围和温度等有关。下面图形显示形变量和速度也有关。在高速条件下，线性黏弹性范围会较小。如 0.1rad/s 的速度下，100%形变量（strain）仍是线性，当速度提高到 100rad/s 时，线性黏弹性范围已降低至大约 30%（图 2-9）。

如果实验是在非线性黏弹性范围进行，物质或高分子配方就会软化

图 2-9　线性黏弹性范围与速度关系围（Rheometrics 资料）

（softening effect），或是有滞后现象（hysteresis）产生。简单地说，每个不同条件下进行实验时都会得到不同的结果。或是说，应力控制型流变仪对于容易产生滞后的物质或高分子配方的实验重现性相对困难。下面的图形是从 τ（stress）和 γ（strain）来了解线性范围。在斜率不变的范围称之为线性，斜率改变的范围称之为非线性。从非线性范围的任何位置返回原点时的软化区域称之为滞后（图 2-10）。

　　因为应变控制型流变仪价格比较昂贵，很多胶黏剂厂商改买应力控制型流变仪取代应变控制型流变仪。但是，相同物质或胶黏剂，利用应变控制型流变仪和在应力控制型流变仪所测得的数据不尽相同，这和组分的结晶度有关或与线性黏弹性范围有关。图 2-11～图 2-13 为典型 SIS（苯乙烯-异戊二烯-苯乙烯嵌段共聚物）、APO 及 EVA 基热熔胶，相同配方时利用应变控制型流变仪及应力控制型流变仪所测得的结果。实验结果明显地说明这些热熔胶用应变控制型流变仪及应力控制型流变仪时所测得的结果不尽相同。过去，多数胶黏性与流变依据的相关性研究都以应变控制型流变仪所测得的数据为根据和解说。然而，这种相关性与应力控制型流变仪所测得的结果不尽相同。从仪器的设计原理来说，应变控制型流变仪的数据更权威。当然仪器

图 2-10　从非线性范围返回原点的滞后现象

图 2-11　SIS 基相同配方热熔胶在应变控制型流变仪和在应力
控制型流变仪的流变图比较（源于中国台湾日邦）

本身的夹具也有流变行为，不是每个流变仪都得到完全相同的数值。但是，物质来料误差可能远远大于仪器本身的误差。应变控制型流变仪有一个马达和一个分离的力量计，可以直接或立即测到物质的流变性。应力控制型流变仪的马达和力量计是同一个，因此在测量物质时会有时间差。另外，应力控制型流变仪的 Peltier 承载样品加热时的样品上下层温度差也是该考虑的问题。还有，应变控制型流变仪用 strain scan（应变扫描）很容易找出物质的线性范围（可以用来设定初始应变）。当然，一个有经验的流变仪操作者，

图 2-12　APO 基相同配方热熔胶在应变控制型流变仪和在应力
控制型流变仪的流变图比较（源于中国台湾日邦）

图 2-13　EVA 基相同配方热熔胶在应变控制型流变仪和在应力
控制型流变仪的流变图比较（源于中国台湾日邦）

能够借由应变控制型流变仪的 strain 线性范围，反推得到 stress 的线性范围。因此，能设定 stress 时可以在当时条件或温度下设定施加力量的大小。问题是，大部分的实验室，如果没有应变控制型流变仪先做测试，无法知道 stress 施加力量的线性范围。同时，应变控制型流变仪可以在不同温度下用不同的 strain 操作（auto strain adjustment），应力控制型流变仪可能做不到。结论是应变控制型流变仪比较适合 HMA（热熔胶）的研究和发展。应力控制型流变仪也有它的用途，但是不可完全取代应变控制型流变仪研发 HMA。

　　这里要说明的是，许多厂商用的 DMA（dynamic mechanical analyzer，动态黏弹仪）基本上与上述的流变仪有相同的功能。通常，DMA 用的单位是 Hz，而上述流变仪用的单位是 radian/sec（r/s）。它们的换算方式如下。常用的频率是 10radian/sec（图 2-14）。

- 1Hz=6.28(2π)radians=360°
- 1radian=57.3°
- 10radians=573°=1.592Hz

图 2-14　Hz 和 radian 的换算

就仪器方面来说，流变仪能够对材料施加可控制的应变或应力正弦波；由此测定复数扭矩（σ^*）或复数模量（G^*），以及应变-应力正弦波之间的相位角 δ（图 2-15）。所测得的复数模量（G^*）是 G' 和 G'' 的向量和。从流变仪检测到的参数可以根据所选择的夹具几何形状、样品厚度和实验条件计算出 G'（弹性模量）、G''（黏性模量）和 $\tan\delta$（G'' 和 G' 的比值，阻尼因子）。

图 2-15　材料的应力-应变曲线（Rheometrics 资料）

下面是主要流变学性质的定义和数学方程式。

复数模量（G^*）

弹性模量（G'）代表材料的弹性储能能量。

黏性模量（G''）代表材料的耗散能量—这些能量通常是透过热的形式耗散的。

损耗因子 $\tan\delta$（G''/G'）指的是材料黏性和弹性行为的相对重要性。

数学方程式：

$G^* = \sigma_0{}^* / \gamma_0$ 或

$G^* = G' + iG''$ 或 $(G^*)^2 = (G')^2 + (iG'')^2$

$G' = \sigma'/\gamma_0 = G^* \cos\delta$

$G'' = \sigma''/\gamma_0 = G^* \sin\delta$

$\eta^* = G^*/\omega$

$\tan\delta = G''/G'$

为了更明确了解黏弹性的现象，以下示意图（图 2-16）是用球体反弹的现象来描述黏弹性。任何物质都有介于完全弹性和完全黏性之间的黏弹性。黏性部分（viscous component）和常见的黏度或稀稠度不可混为一谈。这里的黏性部分是指物质会流动或能量可消散而不会回复的部分。

图 2-16　黏弹性示意图（上海十盛资料）

很多人都会误以为一个比较软或黏度（viscosity）比较低的物质，比较容易流动或形变。这是个似是而非的固有想法。从流变的角度来观察，这种说法只是真实世界的一种情况。比方说，相同的球从不同的高度掉落，我们都知道会得到不同的反弹高度。或是说球的反弹比例没有变化，只是起始和最终的高度变化。同理，两物质的起始硬度或 G' 若不同，即使最终的强度也不同，但是它们的反弹比例或 δ 值却相同。这并不意味两物质没有相同的起始硬度或 G' 就没有相同的流动性或形变能力。事实上，反弹比例或 δ 值大小才是决定流动性或形变能力的有意义的指标。

以下的四张图代表了物质的一切可能性。图 2-17 说明了两物质具有相同的 G^* 值或黏度，但是它们在 x 和 y 轴的投影均不同。简单地说，它们没有相同的 δ 值或流动性。一个物质想要得到较大接触表面积就须有较好的流动性或 δ 值。也因此通常可以得到较高的胶黏性能。因此，G_1^* 会比 G_2^* 的 δ 值高或具有更好的流动性。在这里的结论是，G^* 值相同的两种物质，δ 值高的物质较容易流动。

图 2-17　相同的 G^* 值有不同的 δ 值

同样的道理，当两物质具有相同的 δ 值，就会有相同的流动性（图 2-18）。这种流动行为的发生，不会因为物质的 G^* 值或黏度值或硬度有差异就被预测 G^* 值或黏度值或硬度低的物质会有较高的流动性。

如果能以 δ 值大小来衡量物质的流动性，那么一个 G^* 值或黏度值或硬度较高的物质就有可能因为 δ 值高（图 2-19）而流动，这与我们固有的观念或想法不同。

当一个 G^* 值或黏度较高的物质较不会流动时，是因为 δ 值低（图 2-20）造成，而不是由这些物质的 G^* 值或黏度较高所造成。然而，它们的流动行为恰巧就解释了我们的一般错误认知。

图 2-18　不同的 G^* 值有相同的 δ 值

图 2-19　不同的 G^* 值，δ 值高则流动性高（黏度较高的物质有可能会流动）

图 2-20　不同的 G^* 值，δ 值低则流动性高（黏度较高的物质可能不会流动）

2.1.3 黏弹性的时温叠加原理

所有流变性能都有温度、频率和时间相依性。根据时温叠加原理（time-temperature superposition），一个相同的材料在较低温度下得到的流变性质和用较高频率或较短时间测得的流变性质基本上是相同的。同理，较高温度下得到的流变性质也和较低频率或较长时间条件下测定的流变性质一样（图 2-21，图 2-22）。

图 2-21 时温叠加原理（1）（上海十盛资料）

图 2-22 时温叠加原理（2）（上海十盛资料）

在实际的应用中，单次试验使用很长的时间或以非常低的频率来测定压敏胶的流变行为是非常耗时且不实际的。因此，大部分压敏胶的流变性测试都以一个固定的中等频率进行温度扫描，最常用的频率是 10r/s（或 1.592Hz）。以下实验均以 10r/s 来测试。另外以 0～3min 的「浸泡」（soaking）时间用来稳定测试环境和被测压敏胶的温度。以此测试条件，大部分热熔压敏胶的温度扫描试验都可以在一个小时以内完成。根据时温等效原理，以温度扫描试验的结果可以转换成为频率或时间扫描测得的结果。

从 20 世纪 80 年代以来，已经有很多研究论文讨论流变性质和压敏胶性能之间的相关性。图 2-23 列举了流变学性质和主要胶黏性能之间的相关性。在后面的文章中，我们将逐项讨论如何有效利用这些相关性来设计和开发最优性能的热熔压敏胶配方。

图 2-23　流变学性质和主要胶黏性能之间的相关性（上海十盛资料）

2.2　压敏胶黏机理

将两种相似或不相同的材料粘接在一起靠的是什么原理？以下为 5 种经常被讨论的胶黏机理。

2.2.1　物理吸附

所有材料都具有不同的极性，这种极性是由于材料的化学元素或官能团周围的电子云密度分布所造成的。这种由于电子云密度分布所引起的力，从低到高依次为色散力、诱导力、取向力（永久偶极矩）、氢键和酸碱作用。

当两种材料的极性差异越大，靠近时，作用力或本质胶黏力就越大（图 2-24）。这种现象与磁铁两极间的吸引力行为相似。通常，一个极性的被贴物和具有高极性的胶黏剂接触时，产生的本质胶黏力就较大。譬如，极性的被贴物如金属和纸（纤维素）是很容易使用任何胶黏剂（包括低极性胶黏剂）黏上。对于极性很低的被贴物，如 PE、PP 等材质，在理论上需要选用非常低极性的胶黏剂来取得最小的接口接触角度或最大接触面积，进而获得最佳的分子间力。但是在实际的应用上，有别于油漆、涂料或油墨的胶黏行为，不论是溶剂型、水性或是热熔型压敏胶，在压敏胶粘贴的过程中并没有涉及接触角度或接触面积的差异问题（图 2-25）。所有的压敏胶预涂布胶黏带或商标纸都有相同的表征接触面积。不同的胶黏剂会在粗糙表面产生不同的实际接触表面积，这是因为它们具有不同的流变行为而非接口之间极性差所造成的接触角度。事实上，范德华力对整体胶黏力的贡献主要为由两物质接口间极性差所产生的取向力和流动或润湿的贡献。因此，为了获得最佳的胶黏性，通常除了应选择极性较高的增黏剂来改善胶黏力外，需调整胶黏剂的黏弹性或流动性来获得最佳着锚效果，增大接触表面积。

图 2-24　接口之间的极性差提供本质胶黏力

图 2-25　接触角度或表面积原理适用于涂料却不适用于压敏胶

有些研究人员以壁虎能爬墙为例来说明胶黏性全部是范德华力的贡献，没有其他的力量贡献。这种理论是不够明确的。我们可以从生活经验中知道某些橡胶吸盘可以在去除空气后黏住瓷砖。但是，当我们把瓷砖的尺寸不断变小时会发现当吸盘尺寸大于瓷砖时，就失去吸附的力量。同样，当墙壁的粗糙度小于壁虎的微细脚吸盘时，壁虎就无法沾在墙上。即使壁虎与墙壁之间确实有范德华力存在，但是在这样的细小接触面上壁虎的确无法让它的微细脚吸盘流动，得到应有的附着力量。反过来说，当一个物质能够在接触被贴物时流动，就能得到最佳的接触表面，进而有机会得到如磁铁般的物理吸附能。由此可证明，先要有流动才会有物理性吸附。范德华力固然重要，但是比起流动性和其他极性，如氢键和离子键等，范德华力的贡献并不大。

2.2.2　化学反应

两种不同的材料具有可以发生反应的官能团，在一定环境和条件下将这两种材料接触在一起时，它们之间就可以发生化学反应或交联。例如，含硫（硫化剂）的氯丁橡胶（CR）和黄铜可以在硫化过程中形成硫化铜（CuS）共轭键（图 2-26）。这种共轭键的能量相当高。目前有许多胶黏剂研究人员是利用化学反应得到化学键来结合两种不同的材料。但是，在传统热熔胶的配方和应用中，此胶黏机理并没有被应用。

图 2-26　化学反应机理

2.2.3　相互渗透

具有相似官能团的两种热塑性材料，可以在没有胶黏剂为介质的情况下，仅靠热封行为就能形成永久性的结合。这种类型的胶黏机理被称为相互渗透，而非化学师口中的同性相容。大部分 PVC、PE、PP 和 TPU 薄膜在其软化点或流动点以上的温度都可以很容易地被热封结合在一起且获得很高的结合力。而不相同的材质通常就无法通过相互渗透的机理获得适当的结合力（图 2-27）。实际上，不论稠度的高低，只要在室温下能流动，如面团和泥巴本身就可以在室温下进行相互渗透而胶黏的行为。

图 2-27 相互渗透机理

2.2.4 静电引力

两种材料暂时带电时，也能像磁铁的正负极一样结合在一起，这种可以结合的行为，持续到静电引力逐渐消失为止。在胶带和标签的生产过程常用 corona treatment（电晕处理）来增加面材的暂时极性，使胶黏剂与面材有较好的着锚效果。这也是利用静电引力的一个例子。常见的例子是冬天脱毛衣时会有静电产生，使衣服与毛衣间可以暂时相互结合甚至产生小火花。

2.2.5 机械着锚（黏弹性）

所有材料都具有一定的黏弹性和流动特性。不管压敏胶和被贴物之间的物理吸附或极性差异如何，在没有产生化学键的情形下，要得到可观的胶黏力，压敏胶就必须在结合被贴物时快速流动或润湿。当压敏胶的损耗模量（G''）和储能模量（G'）的比值也就是损耗角正切值（$\tan\delta$）较高时，就可以在粗糙的表面上得到较大的接触面积，因此分离时的力量也较大。相反，如果因为压敏胶的流动性差或损耗角正切值（$\tan\delta$）低而不能以很轻的指触压力在被贴物上快速流动和润湿，所形成的接触面积就很有限，分离时所产生的作用力也较低。

在上述五种机理中，控制热熔压敏胶黏力大小的机理只有物理吸附和机械着锚适用。热熔压敏胶贴合的过程中并没有化学反应、相互渗透和静电引力发生。要配制出高剥离力和初黏力的热熔压敏胶，如果配方许可的话，首先应该考虑选择含有较高极性的成分，如松香和萜烯树脂衍生物等。这些极性官能团将大幅提高物理吸附的贡献。确定极性的贡献量之后，机械着锚或配方的黏弹性就成为影响贴合和分离性能的唯一贡献因素。热熔压敏胶在贴合和分离阶段的运动如图 2-28 所示。在贴合的过程中，为了增大热熔压敏胶和被贴物之间的接触面积，热熔压敏胶必须很容易被变形且永久地固定在被贴物上表面而不反弹。为了在分离时获得很大的抗力，热熔压敏胶在与被贴物分离时的瞬间就应该兼具有高内聚力和大伸长率。因此，很黏的热熔压敏胶在贴合和分离阶段应具备下列的流变特性。

图 2-28　热熔压敏胶的贴合和分离

（1）贴合阶段

低 G'：在受压时容易立即发生变形

高损耗角正切值（tanδ）：永久变形而不反弹

（2）分离阶段

高 G'：提供高的内聚力

高损耗角正切值（tanδ）：通过变形（伸长）提供较大的能量耗散

定量来看，分离时所需要的总功（剥离胶黏力）等于热力学表面分离能（物理吸附）、胶黏剂内部耗散能量（黏弹性）和背材中耗散能量（黏弹性）的总和。从数学来说；总剥离能量＝接口剥离能量（物理性吸附－接着剂极性和被贴物极性有关）＋胶体变形所吸收之能量（流变性-厚度、温度、速度和角度有关）＋背胶面材变形所吸收之能量（流变性-面材种类和厚度有关）

图 2-29 所示为剥离时各部分在能量上的贡献。如果背材和被贴物质已经确定，想要获得较高的总能量，就需要设法提高胶黏剂在剥离时的内聚强度（σ）和延伸率（ε）。根据上面的讨论，要配制出理想的热熔压敏胶，配方的表面能和黏弹性都需要进行适当的调整。

图 2-29　剥离时的能量分配

2.3　压敏胶为什么会黏

"压敏"这个名词是用来描述胶带和胶黏剂的一种很特别的物性，这些干态（不含溶剂和水）的胶带或胶黏剂能在室温下就具有显著的永久黏性。这种胶黏剂只需要轻微接触而不需要很大的压力（通常在每平方英寸 2kg 以下）能牢固地贴合在各种不同物质的表面上。这类产品在纸张、塑料、玻璃、木材、水泥和金属等被贴物上所产生的牢固胶黏力并不需要靠水、溶剂或加热方式来实现。作为胶带用途的压敏胶通常都具有足够的内聚力，因此以手指触摸或从平滑被贴物的表面揭下时都没有任何残胶于手指或被贴物上。

为什么一个材料可以不加水、溶剂或热量就能具有这种独特的性能呢？

尽管全世界的各个角落里每天都有人在生产和使用各种压敏胶，大多数的人并不十分了解压敏胶为什么会黏的真正原因。

压敏胶最独特并且由此得名的特点就是能够在室温以轻微指触压力的条件下发生冷流现象。这意味着压敏胶不需加热，在室温或特定工作温度就可以发生自行运动或流动。而这种冷流的特性可以让压敏胶在接触粗糙的被贴物表面时获得较大的接触表面积（图 2-30）。因此，在剥离时能够表现出较高的剥离力。反之，在相同的条件下，如果不会发生冷流的胶黏剂就没有明显的压敏性。胶黏剂生产商该如何设计出室温下具有冷流特点的材料呢？要理解这种冷流现象首先需要对高分子的黏弹性或流变学有基本的了解。尽管大部分胶黏剂配方设计人员并不需要了解流变学也能通过试误的方法来开发压敏胶配方，但是所有成功的压敏胶配方却无一例外，必然符合压敏胶的流变学准则。

图 2-30　贴合和冷流现象的关系（tan δ 较高则冷流效果较好且接触面积较大）

无定形（非晶态）聚合物材料有一个玻璃化温度（T_g），在这个温度附近，分子链会呈现较大的自由体积或流动特性。当无定形聚合物材料的 T_g 出现在室温或工作温度附近且损耗角正切值（tanδ）（阻尼系数）大于 1 时，材料就会发生冷流并具有压敏性能。

下面几个章节里将阐述如何利用流变学的概念和参数来设计或配制具有压敏性的热熔胶。

2.4　通用型压敏胶的流变性能准则

在前面的几个章节中简要讨论了黏弹性和胶黏原理的基础知识。要具备压敏特性，材料在室温时就必须具备冷流的特性，可以在轻微的压力下或仅靠胶带或商标纸自身的重量就可以形变并润湿被贴物。图 2-31 所示为通用型热熔压敏胶典型的流变数据 G' 和损耗角正切（$\tan\delta$）的曲线。温度从低到高可以区分为五个流变区域：玻璃态区（1）、玻璃化转变区（2）、橡胶平台区前段的纠结区（3）、橡胶平台区后段的解纠结区（4）和高温热流动区（5）。

区域	玻璃态 (1)	玻璃化转变区 (2)	纠缠区 (3)	解纠缠区 (4)	流动区 (5)
G'	高	高–中等	中等	中等	低
$\tan\delta$	低	低–高	高–低	低–高	高
特征	脆	韧	高内聚强度	低内聚强度	熔融

图 2-31　典型的通用型热熔压敏胶的流变数据曲线

　　玻璃化转变和橡胶平台区之间损耗角正切最大值（$\tan\delta_{\max}$）处的温度定义为动态 T_g（玻璃化转变温度）。它与其他分析仪器所测得的 T_g，如 DSC（differential scanning calorimetry，示差扫描量热仪），不同。在高温区，损耗角正切值等于 1 时（$\tan\delta=1$）的温度定义为流动点（flow point）。通常，热塑性物质从低温到高温会从 $\tan\delta<1$ 经过 $\tan\delta=1$，变成 $\tan\delta>1$；而热固性物质会从 $\tan\delta>1$ 经过 $\tan\delta=1$ 到 $\tan\delta<1$。我们习惯将热固性物质的 $\tan\delta=1$ 点称之为凝固点（gel point）。以示区分。将橡胶平台区中损耗角正切最小值所对应模量定为纠缠模量 G_n°。通常 G_n° 会存在在橡胶平台区

的中心点。不论橡胶平台区的斜率为何，G_n^o 之前的平台区称为纠缠区，而之后的平台区称为解纠缠区。各区域的表征特性从第一区到第五区分别是脆、韧、高内聚强度、低内聚强度和熔融。一个适合的热熔压敏胶在使用和储存环境下，它的流变特性应该呈现在纠缠区或介于 $\tan\delta_{max}$ 和 $\tan\delta_{min}$ 之间的高内聚强度状态。

不管所选用的基础高分子聚合物是什么，有没有加入增黏剂等流变改质剂，所有在室温下能够展现适当粘接性的通用型压敏胶都应该满足下列流变学准则（图 2-32）（朱胜根发现）。

图 2-32　通用型压敏胶的流变学准则

① 室温或粘接温度下的 G' 小于 $2\times10^6\,dyn/cm^2$。这样胶带或商标纸才能在轻微压力下的粘接时得到显著的瞬间变形而获得最大的接触面积。我们意外地发现 $1\times10^6\,dyn/cm^2$ 相当于 1 个大气压（1atm）。因此在使用热熔压敏胶具有室温 $G'<1\times10^6\,dyn/cm^2$ 时，胶带或商标纸都可借助自身的重量加上已有的一个大气压力达成粘接的功能。当室温 G' 大于 $1\times10^6\,dyn/cm^2$，小于 $2\times10^6\,dyn/cm^2$ 时，则须借用外力，如 4.5lb 的硅胶滚轮，使其粘接到钢板或被贴物表面。

② T_g 大约在 $-10\sim10℃$ 之间。这个区域中的高损耗角正切值（$\tan\delta$）在粘接时将提供良好的，不会反弹的流动性或润湿性。同时胶体在分离时能具有较大的延伸率。

在实际操作中，为了配制室温可粘接的压敏胶，就必须选用适当的增黏剂和/或增塑剂对所选的弹性体进行改质。当增黏剂与弹性体兼容时，加入增黏剂可使弹性体的 G' 略有降低，并显著提高 T_g。这是因为增黏剂的 T_g（通常是增黏剂软化点减 $40\sim50℃$）较高于弹性体（SIS 的 I 相 T_g 大约是 $-52℃$）。另一方面，加入增塑剂可以大幅度降低所用弹性体的 G'，但不会

明显改变 T_g（图 2-33）。需视增塑剂的种类或 T_g 而定。经验和知识丰富的压敏胶配方设计人员应该能够预先设计出特定用途的目标压敏胶流变性质，然后再选择合适的原材料和正确的配比，模拟出预先所设定的流变性目标。

图 2-33　增黏剂和增塑剂的影响（源于 ExxonMobil）

许多人也许会认为只要是增黏剂就能够改善所配制压敏胶的胶黏性能达到期望的目标。事实上，增黏剂与弹性体不兼容时，反而经常会对胶黏性能造成不利的影响。不相容的增黏剂非但不能按照预期的那样使 G' 降低，反而会使所用弹性体在室温的 G' 升高，成为比弹性体本身还要硬且不易形变的共混物。例如，C_5 树脂（Wingtac 95）和 SBS 不太相容，会将 SBS 橡胶态平台区的 G' 曲线抬高。这种结果正好和苯乙烯/柠檬烯共聚增黏剂（如 Zonatac 105L）等与 SBS 相容的增黏剂相反（图 2-34）。

即使是兼容的弹性体-增黏剂共混物，在压敏胶配方中如果加入过量的增黏剂，可能同时提高共混物的 T_g 和室温下的 G'（图 2-35）。这种现象特别容易发生于高软化点的增黏剂。当 G' 在室温下大于 $3 \times 10^6 \mathrm{dyn/cm^2}$ 时，在标准的压合条件（如 4.5lb 重）下，共混物在室温下将会失去表面黏性。因此，只有在配方中和弹性体兼容的增黏剂比例适当时才能真正提高压敏胶黏性能。

图 2-34 弹性体和增黏剂的兼容性

图 2-35 增黏剂浓度的影响

在科学上，对增黏剂更准确的表述应该是，所有的增黏剂仅仅是弹性体的流变改质剂。不管增黏剂是什么样的分子结构，当相容的低分子量（典型分子量范围是 $300\sim1500$）寡聚物与弹性体混合在一起时，如果 T_g 和室温下的 G' 能够落在上述压敏胶准则的范围中，那么混合物就是一种压敏胶。多数矿物油仅能大幅度降低 G'，却不能对混合物的 T_g 有很大的影响（图 2-36）。这是因为它们的 T_g 和弹性体的 T_g 比较接近。但是要将弹性体的 T_g 和 G' 移入压敏胶准则的范围，适度使用矿物油仍然是非常重要和必需的。如前说过，矿物油也是一种混合物，矿物油中环烷烃（C_n）含量越高与弹性体越相容；矿物油本身的 T_g 也越高，混合物或热熔压敏胶的 T_g 也因此上升。

图 2-36　矿物油的影响

总之，弹性体、增黏剂和矿物油的各种组合，只要能符合上述压敏胶流变学准则，它们就可以成为压敏胶。

2.5 流变性质和 SBC 分子结构的关系

大部分热熔压敏胶都是以 SBC 为基础配制而成的。SBC 由两种连接在一起的相组成：塑料相（苯乙烯，styrene）和橡胶相（二烯，diene）。典型的二烯相是异戊二烯（I）、丁二烯（B）和它们氢化形式的乙烯-丁烯（EB）和乙烯-丙烯（EP）。常见的 SBC 有 SIS，SBS，SEBS 和 SEPS。每种 SBC 都有其特性和用途。

除了二烯相的差异外，人们还根据实际需要合成/混合出各种比例的苯乙烯/二烯（S/D）和二嵌段/三嵌段（又被称为偶联效率）以及熔体流动速度（MFR，用来测量热塑性高分子量聚合物流动性能或黏度的试验）或熔融指数（MI）的 SBC。典型的 S/D 比在 15/85 到 45/55 的范围，二嵌段/三嵌段比在 0/100（纯三嵌段）到 80/20 的范围都存在。MFR（190℃）变动的范围大约从小于 1 到 100 都有。热熔压敏胶的 MI 值和混合机及涂布方式有关，大都在 3.0 以上。

在 20 世纪 70 年代早期，最初开发 SIS 和 SBS 时，科学家试图使它们的拉伸强度和扯断伸长率设计成和异戊二烯（IR）和丁苯（SBR）橡胶相当的水平。代表性产品如 Kraton D-1107 及 Kraton D-1102。这些最早期开发的 SBC（例如，典型 SIS 的 15％苯乙烯和 20％二嵌段）分子组成结构在今天仍然是热熔胶行业使用最广和最常见的热塑性弹性体。

20 世纪 70 年代，SBC 被引入热熔胶行业后，新的应用领域不断地被发现与开发出来。为了满足多样化的市场需求，一些 S/D 和二嵌段/三嵌段比例不同的新 SBC 分子结构也陆续被推广到新的应用市场。

尽管 SBC 供货商为他们生产的 SBC 提供了很多技术数据表，包括化学结构、物理性能、机械性能和基础配方的典型胶黏性能等，但是，只有极少数供货商能够清楚地解释为什么每种具体牌号的 SBC 能提供各自独特的胶黏性能。很多胶黏剂研究者和使用者经常要问下列两个主要的问题：

① 这些分子结构和胶黏性能之间有什么样的关联？

② 什么分子结构对加工性能有影响？

分子结构和胶黏性能的关联将在后面的章节中详细讨论。在本章节中，仅总结与 SBC 分子结构和黏弹性相关的三个重要发现。

S/D 比例：同一家公司合成的 SBC，苯乙烯的含量越高，通常，胶黏剂混合物强度和硬度就越高，内聚力也越大。这种行为可以通过橡胶态平台区获得较高的储能模量（G'）观察到（图 2-37）。但是需要注意的是，在真实的热熔压敏胶的配方中，SBC 的重量通常只占 25%～35%。两个相差 10% S/D 比例的 SBC（例如 15% 和 25% 苯乙烯，styrene），在整体热熔压敏胶的配方中只有约 3% 的差异。除非选用 S/D 差异相当巨大的 SBC 于配方中，否则，它们并不能展现出明显的内聚强度或硬度的差异。另外，整体热熔压敏胶配方本身的内聚强度并不提供胶黏物性，如持黏力和剥离力的主要因素。例如，未经过增黏剂和矿物油改质的 SBC，绝对具有比经过配方改质后热熔压敏胶更高的内聚力。但是，这些 SBC 是没有压敏性的物质。想要成为一个有适当黏性的 SBC 为基础的热熔压敏胶，重点在于它们是否在使用的条件下有适当的黏弹性。通常在配方之后的 SBC，不管 SBC 原来具有多少苯乙烯含量，室温 G' 都必须低于 $2 \times 10^6 \, \mathrm{dyn/cm^2}$。换句话说，$G'$ 数值的高低才是热熔压敏胶配方时应该注意的数字，而非只关心热熔压敏胶的内聚强度或 S/D 比例。

图 2-37　S/D 对黏弹性的影响

　　二嵌段/三嵌段比例：二嵌段比例越高，胶黏剂混合物的在橡胶态平台区的损耗角正切值（tanδ）越高，在贴合时可以提供较好的流动性或润湿性，而在分离时则能提供较长的延伸性（图 2-38）。可以想象二嵌段就是高分子橡胶相可以自由运动的部分。而三嵌段的高分子橡胶相前后被苯乙烯绑住，因此无法自由运动。这是在发展热熔压敏胶配方时最需要关注的函数。每种应用都会有不同高度或数值的 tanδ 最低值。在前面章节中已经讨论过压敏胶会黏的流变性准则和胶黏原理。如何通过配方调整技术来变化出各种用途不同的热熔压敏胶，就是要精准地掌握 tanδ 在各温度下的数值。

图 2-38　二嵌段/三嵌段对黏弹性的影响

　　MFR 值：*MFR* 值越低，表示 SBC 的分子量越高。配方后的胶黏剂分子量和耐热性通常就越高，但是熔体黏度也越高（这可能会影响到加工性能）。*MFR* 的大小是 SBC 厂商用 MI Indexer 做出的资料。这种方法略为粗糙，很多 SBC 的 *MFR* 都是在许多批次混合后测得的。然而，可以很容易地根据流动点（损耗角正切值 tanδ 等于 1）高低来区分 SBC 分子量的大小。

图 2-39 中 Europrene Sol T-193A 和 193B 具有相同比例的苯乙烯（25％）和二嵌段（25％）。但是它们具有不同的分子量或 *MFR*，因此展现出不同的流动点。在相同的配方组成中，当选用较低 *MFR* 的 SBC 时（分子量高），流动点就越高。反之亦然。如何在获得适当作业性（高温黏弹性）前提下，仍能保有较好耐高温胶黏性能，需要对 SBC 的 *MFR* 有较深入的理解和掌握。

图 2-39　MFR 值对黏弹性的影响

　　许多 SBC 的生产商均无法准确地提供下游客户稳定的 *MFR* 值（分子量）。通常混合后达目标 SBC 经常是由个别没有达目标 SBC 混合而成。这些 *MFR* 不稳定的 SBC 除了会造成下游客户混合时的困扰外，配方的持黏力长短判定也会受到影响。对于耐高温产品的不稳定性也是一大隐忧。

2.6　SBC 和增黏剂的兼容性

　　所有聚合物材料都具有自身特定的极性或溶解度参数。溶解度参数的测定或计算方法有很多种，Hildebrand 溶解度参数是较常用的方法之一。配方者可以通过此溶解度参数来判定 SBC 基热熔压敏胶中所选用的各原材料是否具有适当的兼容性。

不同 SBC 的橡胶相的溶解度参数都不相同。异戊二烯（I）、丁二烯（B）和乙烯/丁烯（EB）的 Hildebrand 溶解度参数（δ）分别为 8.1、8.4 和 7.9。所有 SBC 塑料相（苯乙烯，S）的溶解度参数则为 9.1。各种增黏剂的 δ 值则因为分子结构和氢化程度的不同而各不相同。它们的 δ 值大多数在 7~10。矿物油的 δ 值，环烷烃（C_n）含量越多则 δ 值越高，δ 值大约在 6.6~7.7。热熔压敏胶中使用的大部分材料的溶解度参数如图 2-15 所示。要配制清澈透明的热熔压敏胶，所选的 SBC 和增黏剂就必须非常兼容。换句话说，它们之间应该具有非常接近的溶解度参数。浑浊或不透明的外观通常表明 SBC-增黏剂共混物不太相容或不相容。不管颜色和透明性如何，只有兼容的 SBC-增黏剂共混物才能得到合适且稳定的压敏胶性能。相反，对于不兼容的 SBC-增黏剂体系，共混物可能会变得又硬又脆。当然，这就不是压敏胶了。矿物油通常只用来作为热熔压敏胶的软化剂或操作油。虽然矿物油通常也用来作为热熔压敏胶的一个组成，矿物油与没有加氢的 SBC 兼容性比较差，特别是 SBS。矿物油会在接触被贴表面后慢慢移行，离开压敏胶本身。但是，我们却无法从 SBC-矿物油共混物的颜色和流变性变化来预先得知。只能从矿物油在接触表面的移动程度实验中了解（譬如与被贴物在 80℃下搁置 24h）。除此之外，不兼容的 SBC-增黏剂共混体系在长时间受热的过程中会有相分离的倾向，容易产生碳化现象。

尽管 Hildebrand 溶解度参数对选择兼容的原材料来说非常有用，但是，Hildebrand 溶解度参数仅呈现出来一个平均数据，而非原来真正如地图一般的一个区域面积。配方设计人员总要将 SBC 和增黏剂混在一起后才能从颜色或流变性变化观察出共混物的实际兼容程度。理论上说，大部分 SBC-增黏剂共混物既非完全兼容，也非完全不兼容。

SBC 和增黏剂的兼容性会对共混物的玻璃化转变温度（T_g）和模量（G' 和 G''）造成很大的影响。对于完全兼容的 SBC-增黏剂共混物，T_g 和缠结储能模量（G_n^o）都是可以预测的。它们可以分别通过 Flory-Fox 方程和 deGennes 方程预先进行计算。

Flory-Fox 方程

$$1/T_{ga}=\sum(W_i/T_{gi})$$

式中　T_{ga}——共混物的目标或预测 T_g，K；

　　　W_i——i 组分（聚合物和增黏剂）的质量分数；

　　　T_{gi}——i 组分的 T_g，K。

deGennes 方程

$$G_n^{o}=V_2^x G_n^{oo}$$

式中　G_n^{o}——聚合物共混物的缠结储能模量；

　　　G_n^{oo}——纯聚合物的缠结储能模量；

　　　V_2——聚合物的体积分数；

　　　x——由聚合物和稀释体系兼容性决定的指数因子。

如果每种胶黏剂的具体目标 T_{ga} 和 G_n^{o} 都可以预先确定，即所谓的目标流变性窗口，那么热熔压敏胶配方设计人员将能够选择兼容的组分并利用上面的方程式来预先计算热熔胶配方中每个组分的可能质量分数。当然，要达到此目标，配方设计人员首先要有能力订出热熔压敏胶的目标流变性窗口，如 T_{ga} 和 G_n^{o}。接着，配方设计人员必须先有原材料的 T_g 和 G_n^{o}。这些函数的数据可从自行建立的原材料数据库中取得。

2.7　矿物油在 SBC 中的功能

选择合适的矿物油对 SBC 基热熔压敏胶来说是非常重要的。尽管大部分矿物油的表象或物性看起来都很相似，但是它们与所使用 SBC 的兼容性差别很大，对热熔压敏胶的胶黏和老化性能都会造成巨大的影响。

矿物油是绝大多数 SBC 基热熔压敏胶的必要组分。下面就是矿物油带来的一些主要优点。

① 显著降低熔融黏度，使混合和加工变得容易。

② 降低胶黏剂的硬度，可以获得较好的瞬间变形性。

③ 降低玻璃化转变温度（T_g），相对于一般的增黏剂，使耐低温性能得到改善。

④ 降低热熔压敏胶的原材料总成本。在大部分 SBC 基热熔压敏胶中所使用的成分中，矿物油通常是最便宜的原材料。

矿物油是极其复杂的混合物，其中包括下列各种比例（含量）的主要烃类物种：芳香基（不饱和环烃）、环烷基（饱和环烃）和石蜡基（链烷烃）组分。每种油所含芳香基（C_a）、环烷基（C_n）和石蜡基（C_p）物种的含量通常都会在矿物油的技术数据表（TDS）中标明。烃类物种组分不同的矿物油具有不同的极性或溶解度参数。因此，与 SBC 和增黏剂混合时会呈现出不同的兼容性。这些矿物油极性或溶解度参数高低的顺序依次是芳香基＞环烷基＞石蜡基。

芳香基油与 SBC 的聚苯乙烯相很兼容，会使物理交联相塑化，严重降低所配制胶黏剂的内聚力和耐热性。在实际应用中，芳香基油并不适合制造 SBC 基热熔压敏胶。石蜡油的极性很低，与 SBC 的端嵌段（聚苯乙烯）和中间嵌段（橡胶）的兼容性都较差，所以很容易从胶黏剂基体中移形。慎重选择适合与 SBC 并用的石蜡油是非常必要的。环烷基油是低分子量的环状饱和烃类，具有优异的热安定性，在大部分所使用的矿物油中与 SBC 的兼容性最好。由于这种类型的油品来源有限，在国际矿物油市场上，价格通常比其他的矿物油价格更高。在自然界中并不存在纯的（100％）环烷基油。大部分矿物油同时含有环烷基和石蜡基组分。当混合物中环烷基（C_n）的含量大于 40％时，就被归类为环烷基油。当 C_n 含量大于 50％时，就被视为是高纯度的环烷基油。表 2-1 为三个 C_n 含量不同的代表性矿物油物性表。其中 KN-4010 为克拉玛依的环烷油，Naphsol 200 是韩国 Daelim 公司的聚丁基油（polybutene）的副产品，是一种特殊的合成环烷油。每一种 C_n 含量不同的矿物油会呈现自身特有的流变性（图 2-40）。通常 C_n 含量越高则 T_g 越高。当不同的矿物油被使用在相同 SBC 基热熔压敏胶时就会明显改变整体配方的 T_g，同时也改变了各种胶黏物性。

表 2-1　矿物油物性表

性　　质	白蜡油 32♯	KN-4010	Naphsol 200
相对密度	0.85	0.905	1.045
闪点/℃	212	212	177
40℃运动黏度/cSt	29.5	166.1	178
100℃运动黏度/cSt	—	10.50	9.7
倾点/℃	−10	−17	−11
碳型分析			
C_a/%	—	0.8	7
C_n/%	30	51.7	92
C_p/%	70	47.5	1

图 2-40 矿物油的流变性

SBC 中嵌段的溶解度参数 δ 分别是 7.9（EB）、8.1（I）和 8.4（B）。如前述，大部分石蜡油和环烷基油的 δ 在 6.6 到 7.7 的范围里。这个 δ 值随 C_n 含量的升高而增加，与 SBC 中嵌段的兼容性也随之提高。在经验上，当中间嵌段和油的 δ 值之差小于 0.5 时，两者就比较兼容。相反，当这个差值大于 0.5 时就不太相容。需要选用适当的增黏剂作为兼容剂让 SBS 和矿物油获得较佳的兼容性。通常，SEBS、SIS 和石蜡油或环烷基油都较容易形成兼容的体系。而常用的矿物油几乎没有一种能够和 SBS 中丁二烯中嵌段（B）完全兼容。SBS 和这些矿物油只是可混溶（miscible），而不是相容（compatible）。因此需要借由适当的增黏剂当作兼容剂来获得较佳的整体兼容性。对于兼容性较低或不兼容的混合物来说，所加入的矿物油最终将会从橡胶相中迁出，胶黏性能也会随着时间和温度逐渐发生变化。为了尽量减少 SBS 基热熔压敏胶中矿物油的迁移，在配方中引入较高极性的油和萜烯/C_9，C_5/C_9 或 C_5/DCPD 共聚树脂等可能会有帮助。

图 2-41 说明一个环烷烃矿物油（Shellflex 371）在 SIS（Kraton D-1107）中比例增加时所产生的流变性变化。由于 Shellflex 371 的 T_g 和 SIS 中异戊二烯（isoprene）的 T_g 相似，增加矿物油的比例并没有明显地让混合物的

T_g 改变。不过，矿物油的分子量较低则明显降低了混合物 G' 平台高度和高温区的流动点。换句话说，矿物油确实软化了 SIS 或降低了 SIS 的内聚强度和高温稠度。前面曾经提过，想成为一个适当的压敏胶配方，室温或贴合时的 G' 必须小于 $2 \times 10^6 \, \mathrm{dyn/cm^2}$。在图 2-41 中发现当 Shellflex 371 质量分数超过 40% 应该可以成为一个压敏胶。事实上，该比例的混合物并没有明显的剥离力和持黏力，却仍有不错的滚球初黏性。这个结果证实了一个具有适当剥离力和持黏力的压敏胶除了要满足 G' 流变性指标外，还需要具有适当的 T_g 温度范围，通常是 $-10 \sim +10\,℃$。而能够让 T_g 进入此压敏胶流变窗口的成分就是和 SBC 兼容的增黏剂和矿物油。

图 2-41　矿物油相对 SIS 比例的效应

杭州邦林以 30（Quintac 3421）/50（JH-3200）/20（克拉玛依 KN-4010 含 51.7% C_n，Nynas Nyflex 223 含 45% C_n 和 36# 白油含 36% C_n）的比例做比较（图 2-42）。从流变图可以观察到 KN-4010 和 Nyflex 223 含有较多的环烷烃，因此，配方后的 G' 较高。T_g 会随 C_n 含量增大而上升，

tanδ 值在高温区（大于约 35℃）后相似。这种结果说明这三种矿物油的 T_g 不同，KN-4010 的 T_g 最高，Nyflex 223 次之，36♯白油最低。理论上，它们和 isoprene（异戊二烯）的兼容性亦不太相同。KN-4010 最佳，Nyflex 223 次之，36♯白油最差。

图 2-42　KN-4010、Nyflex 223 和 36# 白油的流变性比较（源于杭州邦林）

2.8　最佳热熔压敏胶的流变行为

根据力学原理，当一个物质的 σ（拉力）值越高，会呈现出越大的整体韧性［σ-ε（延伸性）曲线下的面积］或分离力。如果三个高分子配方的屈服点相同，断裂点（延伸长度）也相同，σ 值越高的配方会产生越大的韧性。图 2-43 示意图中 $\sigma_1 > \sigma_2 > \sigma_3$，因此，三个高分子配方的韧性也是 $\sigma_1 > \sigma_2 > \sigma_3$。同理，如果三个高分子配方的屈服点相同，断裂点不同，如 $\varepsilon_1 > \varepsilon_2 > \varepsilon_3$，则断裂点延伸得越长，韧性就越大（图 2-44）。通常极性较小的被贴物会呈现较小的分离力。虽然这和胶黏剂本身的实际 σ-ε 曲线无关，但却和两贴合物质界面能的差异有关。两贴合物质的极性差越大，通常可以获得较大的 ε。因此，分离力也越大。实际上，热熔压敏胶配方在拉伸之后可能产生不同的 σ 和 ε。如能配出 σ-ε 曲线下的最大面积，这就是在这种试验下的最佳配方（图 2-45）。

图 2-43　σ-ε 示意图

图 2-44　σ-ε 示意图（ε 改变）

图 2-45　最佳的热熔压敏胶配方是 σ-ε 曲线下的最大面积

　　从流变学来说，σ 正比于 G'，ε 正比于 tanδ。开发热熔压敏胶配方时，分离条件下的 G' 越大，分离力越大。tanδ 越大，除了接触面积较大外，分离时的延伸率也较大，因此分离力也越大。如果热熔压敏胶配方的 G' 小于一个大气压力，热熔压敏胶就可以靠自身的重量贴合被贴物。在这种情形下，G' 越高则分离力量越大。要注意的是，如果 G' 过高，约大于 2 个大气压，通常热熔压敏胶配方压合在被贴物时会因太硬而不能得到较理想的接触面积。这种现象很容易在冬天寒流来时或在低温应用时被观察到。

第3章
热熔胶与流变学的基础知识

热熔胶（HMA）的优点有：即使没有底漆，也能黏附到各种基材上；具有高热封强度；适用于高速包装时具有高热黏性；用于软性包装时的有效黏合温度可降至 $-40℃$；有效地黏合经轻微蜡处理的表面；灵活性和韧性；没有溶剂或水被去除；没有架桥或融合的要求；吸引人的经济-处理速度；简单；机械化；低能量需求；设备、操作和材料成本低；较小的地板空间要求和快速的定型时间。热熔胶可用于包装、一次性纺织品、胶棒、装订、产品装配，汽车和家具等领域。一个理想的热熔胶在最终使用时应具有下列几个特性：强大的黏着力、低蠕变、抗剪切强度、耐高温、耐低温、良好的力学性能（拉伸和延伸）、低色度和低气味。

热熔胶包含热熔压敏胶。前面已经定义过热熔胶是成分 100% 为固体的热塑性混合物。热熔胶必须在高温熔融状态下混合与加工。对热熔胶来说，加热后，当热量移除时或 tanδ 从大于1到小于1的过程中会经过 tanδ 等于1的流动点，这时热熔胶会重新成为固体状态而呈现它的纠缠强度。而热熔压敏胶为在室温轻压下仍保有足够黏性的热熔胶，能够在室温下就呈现足够低的 G' 和足够高的 tanδ 来结合物体。一般称热熔压敏胶在室温具有永久性的室温开放时间，通常被应用于黏性胶带与标签。朱胜根统计后发现，所有的热熔压敏胶在室温的 G' 都介于 $2×10^5 \sim 2×10^6 \text{dyn/cm}^2$。因此从室温流变值就很容易区别一个室温没有黏性的热熔胶和有黏性的热熔压敏胶。进一步说，只要 G' 介于 $2×10^5$ 和 $2×10^6 \text{dyn/cm}^2$ 时都会有黏性。例子中的 EVA 基热熔胶只可在约 $65 \sim 70℃$ 产生黏性，而例子中的 SBC 基热熔压敏胶却可在约 $10 \sim 85℃$ 都产生黏性（图3-1）。换句话说，例子中的 EVA 基热熔胶必须在 $65 \sim 70℃$ 贴合，而例子中的 SBC 基热熔压敏胶却可以在 $10 \sim 85℃$ 贴合。有时，配方者也可以用添加物的种类和分子量来改变配方的流变性，

(a) EVA基热熔胶

(b) SBC基热熔胶

图 3-1 典型 EVA 基热熔胶（a）和 SBC 基热熔压敏胶（b）的流变性（源于中国台湾宏盛）

因而获得应用所需的特殊数值。

3.1　热熔胶的种类

热熔胶（hot melt adhesive，HMA）的种类繁多，分类方式也有多种。以配方方式来分类，大致上分为两大类别。

第一大类为非配方型热熔胶：poly amides（PA，聚酰胺），poly esters（PET，聚对苯二甲酸乙二醇酯），thermoplastic poly urethanes（TPU，热塑性聚氨酯）和 poly olefins（聚烯烃，如：PE，聚乙烯；PP，聚丙烯）（图 3-2，图 3-3）。

图 3-2　PA 和 PET 树脂（源于成铭热熔胶博物馆）

图 3-3　TPU 膜和 PE 树脂（源于成铭热熔胶博物馆）

这一类的热熔胶不须经过配方或添加其他物质即可直接作为胶黏剂。代表型流变图如下（图 3-4～图 3-6）。

图 3-4　Fortemide 1690F（PA）（源于中国台湾宏盛）

图 3-5　KAPA 6500（TPU）（源于中国台湾宏盛）

图 3-6　PP-1502（Clariant PP）（源于中国台湾宏盛）

这一类的 HMA，通常在 tanδ＞1 时，温度和压力贴合。我们称此区为热流区。在低温区，当 tanδ＞1 时，我们称之为冷流区（图 3-7）。在室温会黏的热熔压敏胶会有冷流现象。

第二大类为配方型热熔胶：styrenic block copolymers（SBC，苯乙烯嵌段共聚物），ethylene vinyl-acetates（EVA，乙烯-乙酸乙烯酯共聚物）和 amorphous poly-olefins（APO，无定形聚烯烃）或 amorphous poly-α-olefins（APAO，无定形聚 α-烯烃）。这一类的热熔胶高分子本身没有黏性，必须经过配方或添加增黏剂，矿物油及蜡等物质做成胶黏剂才具有适合的热黏性。典型的 SBC、EVA 及 APO 基热熔胶的流变性如图 3-8～图 3-10。

这里要特别强调，按照上述的归类或分法，湿气反应型 PUR（reactive poly-urethane，反应型聚氨酯）并不是传统的热熔胶。PUR 与空气里的湿气反应之后，已经变成不可逆的热固形胶黏剂，无法在降回室温后再度成为热塑形物质。

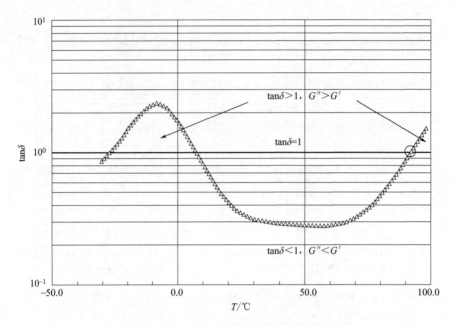

图 3-7　由 tan δ > 1 定义热流区和冷流区

图 3-8　典型 SBC 基热熔胶（源于中国台湾宏盛）

图 3-9 　典型 EVA 基热熔胶（源于中国台湾宏盛）

图 3-10 　典型 APO 基热熔胶（源于中国台湾宏盛）

3.2 EVA 基热熔胶

EVA 是一种 100％为固体、透明、柔韧的乙烯-乙酸乙烯酯共聚物。通常按 VA（乙酸乙烯酯）百分含量和熔体流动速率（MFR，或熔体指数，MI）分类。最常用的 EVA 包含 19％和 28％的 VA。MI 值大多在 3～2500。通过流变学的测量，可以发现 VA 含量高低和 MI 值的影响。通常，VA 含量较低的 EVA 在 VA 相（低温区）的 $\tan\delta_{max}$（或 T_g 处）比较低。如 ExxonMobil 的 UL7510（含 19.5％ VA）和 UL7710（含 28％ VA）相比，$\tan\delta_{max}$ 比较小（二者比约为 0.25∶0.44）（图 3-11）。而当 MI 值越大或分子量越小时，$\tan\delta=1$（或流动点）时的温度就越低。如 ExxonMobil 的 UL7710（$MI=420$）和 UL7760（$MI=5.7$）相比，$\tan\delta=1$ 时的温度值就有明显的差异（约 67℃∶114℃）（图 3-12）。结论是 VA 比例越高（PE 比例越低），

图 3-11 ExxonMobil UL7710（28%VA, $MI=420$）与 UL7510
（19.5% VA, $MI=530$）（源于中国台湾宏盛）

图 3-12　ExxonMobil UL7710（28%VA，　MI= 420）与 UL7760
（28%VA，　MI= 5.7）（源于中国台湾宏盛）

则 T_g 基本上不变；G' 平台越低；$\tan\delta_{min}$ 比较复杂和 $\tan\delta=1$（流动点）的
温度值越低。而 MI 值越小（分子量越大），则 T_g 基本上不变；G' 平台基
本上不变；$\tan\delta_{min}$ 越小和 $\tan\delta=1$ 时的温度越高。开发热熔胶配方时可以依
据应用的实际需要调整 VA 含量和 MI 值已达到目标的 $\tan\delta_{max}$ 值和 $\tan\delta=1$
的温度值。

　　在 EVA 基 HMA 配方中，较大的 VA 含量可以获得更高的透明度、更
大的极性、更大的柔韧性和更好的基材润湿性。MI 值是分子量的简单指
标。较低的 MI 值反映较高的分子量、内聚力和内部强度。EVA 基的 HMA
有很多成型态，常见的成型态有粒状、片状和柱状（图 3-13）。

　　通常 EVA 基热熔胶包含了 5 种材料：聚合物、增黏剂、蜡、稳定剂
（或抗氧剂）和修饰剂。当 EVA（台聚 UE649-04）内加入各种增黏剂时
（表 3-1），会得到略微不同的流变性。

图 3-13　EVA 基 HMA 有粒状、片状和柱状（源于成铭热熔胶博物馆）

表 3-1　各种实验的增黏剂

产品	种类	软化点/℃	厂商
FC-100	高度氢化 C_9	100±3	中国台湾和益
FM-100	中度氢化 C_9	100±3	中国台湾和益
FP-100	低度氢化 C_9	100±3	中国台湾和益
EXXON-5400	氢化 DCPD	103	美国艾克森美孚
EXXON-5600	氢化 DCPD/C_9	102	美国艾克森美孚
SU-100	氢化 DCPD	105	韩国可隆
SU-400	氢化 DCPD/C_9	100	韩国可隆
C-100W	氢化 C_5	100	中国扬子伊士曼
JH-3204	未氢化 C_5	100	中国金海

　　和 EVA 混合后，增黏剂 FM100 含量越高，则 T_g 越高，G' 平台越低，tanδ 在低温区越低，高温区越高，tanδ＝1（流动点）时的温度越低（图 3-14）。

　　如果 EVA/增黏剂（50/50）比例相同，加入不同的增黏剂后会有不同的流变性。图 3-15 显示不同的 C_9 氢化程度会得到略为不同的流变性。通常，C_9 氢化程度越高，三个混合物得到的 T_g 相似，G' 平台略高，tanδ$_{min}$ 较高，tanδ＝1 温度值略低。

　　如果 C_5/C_9 或 DCPD/C_9 共聚增黏剂的 C_9 比例越高，如图 3-16，将 E-5400 与 E-5600 做比较，则 T_g 相似，G' 略高，tanδ 在高温区略小，tanδ＝1 温度值略高。图 3-17 不同厂牌的增黏剂，将 SU-100 与 SU-400 做比较，在 EVA 中也得到类似的结果。这些现象对于不同厂牌氢化比较未氢化 C_5 增

图 3-14　EVA 加不同比例增黏剂的流变性变化（源于中国台湾日邦）

图 3-15　C₉ 氢化程度不同的增黏剂有不同的流变性

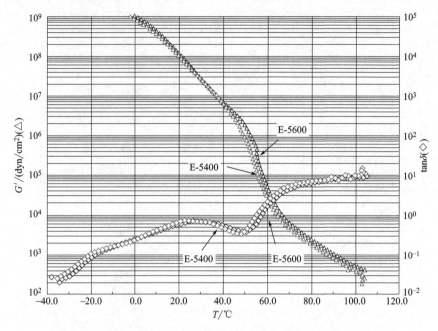

图 3-16　C_9 比例不同的增黏剂（E-5400 与 E-5600 比较）有不同的流变性

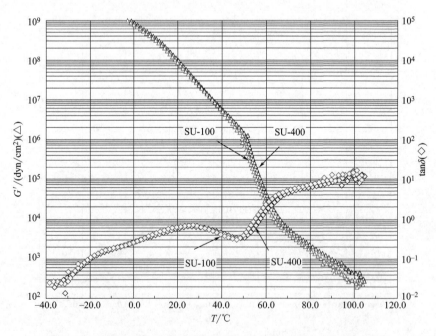

图 3-17　C_9 比例不同的增黏剂（SU-100 与 SU-400 比较）有不同的流变性

黏剂（C-100W 与 JH-3204 比较）在 EVA 中就不明显（如图 3-18）。按照经验，经过氢化的增黏剂会失去双键或极性降低，胶黏剂与被贴物间的电偶极或范德华力下降，因此胶黏性也会略为降低。

图 3-18　不同厂牌氢化比较未氢化 C_5（C-100W 与 JH-3204 比较）增黏剂的流变性

蜡的优点有：可以充当 HMA 混合溶剂，来降低黏度、改善润湿性。有较低的应用温度，可防止喷嘴阻塞和降低成本。蜡的类型有很多种，大致可分为：①石蜡，主要提供厂商有 Union Oil、Citco、ExxonMobil、Shell；②合成蜡，主要提供厂商有 ExxonMobil、Bareco、Moore、Munger；③微晶蜡，主要提供厂商有 Bareco、Witco、Shell。其中，合成蜡主要用作改性剂而不是溶剂。它用来增加热熔融的硬度和耐用性，改进关键的应用性能（如黏合性，柔韧性和低温性能）。合成蜡的平均分子量范围是 510～5000，平均软化点范围是约 80～140℃。市场上的主要产品类型有 Escomer、Poly-wax、Paraflint 等。

当不同凝固点的蜡，如 Shell 蜡（SX60S、SX70S、SX80S），凝固点上升，则整体 EVA/蜡（70/30）的 $\tan\delta=1$ 的温度值上升。我们可以推测整体的耐热性增高（图 3-19）。

图 3-19　EVA/不同凝固点蜡的流变性（源于台湾日邦）

外加蜡时（UE64904/FM100/Shell SX 为 $105：70/30/x$），则蜡比例越多时，$\tan\delta_{\max}$ 值降低，G' 平台升高，$\tan\delta$ 曲线比较复杂，基本上值都下降。$\tan\delta=1$（流动点）温度值升高（图 3-20）。

修饰剂是低浓度添加剂，目的在赋予成品热熔融体系特定的性能。主要类型有：① 增塑剂，有矿物油、邻苯二甲酸酯（phthalates）、磷酸盐（phosphates）和聚酯（polyesters）；② 填料，有 SiO_2、$CaCO_3$ 和硫酸钡；③ 颜料，有无机颜料和油溶性染料；④ 固化剂，有合成蜡和兼容的结晶聚合物；⑤ 润滑剂，有硬脂酸盐（Stearamide）、芥酸酰胺（Erucamide）和油酸酰胺（Oleamide）。

3.2.1　EVA 基热熔胶的开放时间与定型时间

大多数 EVA 基热熔胶不具有显著的表面黏性，在室温下大都不具备压敏性。它们需要通过在高温下黏合。它们通常会给予相对较短的开放时间

图 3-20　EVA 外加不同比例蜡的流变性（源于中国台湾日邦）

（通常少于 10s）（open time）和快速定型时间（set time）。开放时间和定型时间主要取决于所使用的蜡。如果蜡包含在配方中，VA 含量以及蜡、EVA 及增黏剂的兼容性都会影响开放时间和定型时间。在 HMA 配方中使用的典型蜡有合成蜡、微晶蜡。蜡可以显著缩短开放时间，加快定型时间。具有较多 VA 含量的 EVA 将提供更长的开放时间和更慢的定型时间。

　　开放时间和定型时间是 EVA 基 HMA 的两个关键参数，显著影响瞬时结合的范围和最终的断裂能量。没有必要为任何应用程序提供很长的开放时间和快速的定型时间。最佳的开放时间和设定时间由应用系统条件和实际的结合工艺和被贴物键决定。开放时间是在施加胶黏剂之后的时间，在此期间可以形成可用的胶黏剂。影响开放时间的因素很多，包括温度、被贴物、胶黏剂种类和胶黏剂的使用量。定型时间是当两个或更多个被贴物与胶黏剂结合时形成可接受的黏合所花费的时间。

　　通过简单的句子来定义开放时间和定型时间是很容易的。然而，在大多数 HMA 实验室中，开放时间和设定时间通常由手指确定，这是一个非常快速但主观的测试。一般的测试方法描述如下。

（1）开放时间

① 在 325°F（约 163℃）的烧杯中完全熔化 HMA。

② 将玻璃棒浸入熔化的胶黏剂中，直至达到平衡温度。

③ 从烧杯中取出玻璃棒，立即在一张纸上涂上一层薄薄的胶黏剂。

④ 立即将手指按在胶膜上并计时，直到指纹印和分离力减弱。所记录时间为开放时间。

（2）定型时间

① 在 325°F 的烧杯或罐中完全熔化 HMA。

② 倾倒烧杯或罐子，在一张牛皮纸上倒上一个长长的 HMA 小条状。

③ 立即在涂布纸上层压另一块牛皮纸。

④ 慢慢分开两张纸，并计算一张牛皮纸撕裂的时间。记录撕纸所需的时间，即为定型时间。

影响开放时间的因素很多，如胶黏剂温度、胶黏剂用量、手指压力和被贴物种类及废纸种类都可能会影响测试结果。对于同样的 HMA，不同实验室的不同人员可能会得到不同的结果。因此，在 TDS（technical data sheet）上报告的 HMA 大多数开放时间和定型时间数字仅供参考。传统市场上有一种名为 "Olinger 胶黏测试仪" 的精密设备，用于确定开放时间和设置时间。测试仪能够控制温度、胶水的量，并预先设定黏合和分离过程所需的时间。基于这种微处理器控制的机器，实验室人员将能够更精确地确定由各种基板产生的开放时间和设定时间。最近，ITW Dynatec 也设计了一个机器 Glue testing unit，比 Olinger 胶黏测试仪更精密，可以准确地测定开放时间和定型时间（图 3-21）。

流变测定提供了另一种科学的洞察力，可以了解和比较不同 HMA 的开放时间和定型时间。在 HMA 冷却过程中，结晶段（PE 主链）可以立即定型，而不提供用于黏合目的的开放时间。另一方面，无规链段（VA 分支）则可以推迟胶黏剂基体的固化，并且根据所选 EVA 和增黏树脂的兼容性提供不同程度的开放时间和定型时间。

根据熔融胶黏剂在高温下的 "时间扫描" 流变测量，在冷却期间，G'（弹性模量，内聚力）将首先急剧增大至由结晶段引起的一定值，并在较低的高原地区平稳一段时间，然后继续增大到另一个更大的值。胶黏剂最终会以最小的斜率设置在这个较高的平台上（图 3-22）。开放时间可以定义为 G'

图 3-21　ITW Dynatec Glue testing unit（ITW 资料）

低于特定值的范围（时间），假设 $3×10^6 \mathrm{dyn/cm^2}$。超过这个值时，胶黏剂不再具有润湿这些黏合的被贴物的能力。如果胶黏剂在开放时间范围内，如在假定的 G' 值之前黏合到被贴物上，则定型时间定义为达到较高平台区域的 G' 值。

图 3-22　从流变行为观察一般热熔胶的冷却过程（源于中国台湾宏盛）

虽然流变测量不能提供人手指或胶黏测试仪确定的实际开放时间和定型时间，但这种科学评估能准确揭示胶黏剂在冷却阶段每一时刻的能量和结构变化。基于这一科学信息，胶黏剂科学家可以很容易地比较每种配方在冷却过程中的流变性差异，并用它来区分开放时间和定型时间的长度。

总之，没有理想的 HMA 配方可用于多种黏合应用。必须根据要黏合的基材（极性和表面粗糙度）、涂布技术（涂布器，速度和黏合温度）以及最终用户的实际环境（温度和湿度）来制定最佳配方。

3.2.2　EVA 基热熔胶的热黏性

实际上，热黏性（hot tack）是与 HMA 在固化或固化之前能将被贴物牢固粘在一起的能力的相关术语。根据流变学概念，HMA 在冷却过程中必须经过一定范围的 $\tan\delta$ 值和 G' 值变化。在贴合的情况下，数值应在可黏结的流变窗口内。在此流变窗口内的 HMA 可以适当流动同时湿润被贴物，也具有足够的内聚强度可以牢固贴在被贴物的表面上。如果在冷却过程中贴合（boding）-分离（de-bonding）的动作太快，而 $\tan\delta$ 值仍然过高（大于 1）和 G' 太低，则会观察到内聚失败的不良分离。大多数的 HMA 用户可能会单纯地认为这是配方定型缓慢而导致的内聚失败。另一方面，当贴合-分离动作太慢时，$\tan\delta$ 值太低（小于 1）而和 G' 太高，不能提供足够的流动性或润湿性使贴合变得很难。换句话说，这两种性能已经超过了黏结的流变窗口，并丧失了将被贴物牢固粘在一起的能力。通常 HMA 使用者会认为这种不期望的黏结现象是 HMA 的开放时间太短所造成。事实上，配方研究者可以在 G' 曲线的 $2\times10^5\sim2\times10^6\,\mathrm{dyn/cm^2}$ 之间画两条线。在这个 G' 范围内具有压敏性，可以使 HMA 顺利地得到牢固的结合性。因此，这两点所对应的时间长短，可以把它当作可黏的时间范围（时间差，Δt）。如果 Δt 比较大，HMA 的黏性时间（tack time）就比较长，反过来说，如果 Δt 比较小，可黏的时间就比较短。用流变降温曲线变化的方法，配方研究者也很容易地比较两种 EVA 基 HMA 的开放时间，定型时间，初期黏着力和最终强度（图 3-23）。这里要说明 G' 骤降或 $\tan\delta$ 骤升于约 4500s 处，是实验时设定在此时间（约 40℃）时再度升温所致。升温后，操作者可以很容易地清除试片和夹具表面。这种情况可以从温度-时间图看出（图 3-24）。

大多数 HMA 配方设计者都需要进行大量试验和错误评估，最后才以定性方式确定在特定被贴物上 HMA 的热黏强度。测试结果极大地取决于温

图 3-23 两典型 EVA 基 HMAs 的冷却流变行为（源于中国台湾宏盛）

图 3-24 EVA 基 HMA 冷却时温度-时间图（源于中国台湾宏盛）

度、速度和被贴物种类。报告的测试结果通常也是主观的，但不够准确。为了精确比较不同 HMA 的热黏性能，对从熔融阶段到固体阶段的 HMA 的温度或时间扫描进行流变评估可能是更有效的。根据这个简单的测试，可以定量地确定在熔融和固态之间的过渡区内的任何温度下的 $\tan\delta$ 值和 G' 的变化。流变测试是可重现的，不受环境测试温度、测试速度和被贴物种类的影响。

3.2.3　EVA 基热熔胶的雾点、颜色和清晰度

在前面的文章中，简要描述了 EVA 基 HMA 开放时间，定型时间的定义和实际意义。雾点（cloud point）较低的 HMA 通常具有较长的开放时间和较好的热黏性。具有非常低的雾点的 HMA 可能呈现一定程度的不希望发生的表面黏性。通常，当 EVA 和增黏剂较兼容时，混合的 HMA 更透明。此外，它们可以表现出较低的雾点、较长的开放时间、较慢的定型时间，以及对不同被贴物有较好的黏附性。实际上，开放时间和定型时间的平衡是确保令人满意的黏合的关键参数，有适当的开放时间和定型时间才能获得最佳的黏合性能。除了 VA 含量的影响之外，增黏剂的极性也是影响 HMA 与被贴物界面物理吸附程度的另一个重要因素。具有较高物理吸附的 HMA 一定会导致较好的润湿性和黏附性。

如何定义雾点呢？雾点是在从熔融阶段冷却到固体阶段时 HMA 变浑浊的温度。雾点也是配方组分兼容性的一个很好的指标。当 EVA 与各种增黏剂混合时，取决于使用的增黏剂的类型或其兼容性，它们可以表现出不同的开放时间、定型时间、雾点和特定的黏附性能。

以下是确定 HMA 雾点的最简单的测试方法。

① 在烧杯中将 HMA 样品加热至透明（透明）熔融状态，通常在 325～350°F。

② 将玻璃温度计的水银端浸入熔化的 HMA 中。

③ 从熔化的 HMA 中取出温度计，立即慢慢向下旋转温度计，让额外量的 HMA 流回熔融的胶黏剂母体。

④ 观察温度计顶端的浑浊形成。

⑤ 记录 HMA 变浑浊时温度计的温度。

虽然这是一个免费且非常简单和主观的测试，但如能仔细观察，它的重复性很高。

如果 EVA 的 VA 结构与掺入的增黏树脂具有更好的兼容性，则在冷却

过程中共混物能保持较长的时间并且导致雾点值较低。高 VA 含量的 EVA 和松香酯的混合物即使在室温下也可完全固化，也可以形成透明的 HMA。通常，往 EVA 中混合较高极性的增黏树脂将使得 HMA 具有较低的雾点。

当胶黏剂中含有蜡时，其软化点成为影响雾点的主要因素。微晶蜡的雾点低于聚乙烯蜡（由聚乙烯生产的低分子量副产物）和合成石蜡（特意生产），因为合成石蜡具有更多的环状（极性）分子结构。

如果 EVA 基的 HMA 用填料着色，则不可能执行与上述相同的测试。另一种方法是用流变仪进行从熔融状态到固态的温度扫描。以下是建议的测试方法。

① HMA 首先放在一对不锈钢平行板之间原位熔化。

② 在大角度应变下，以振荡频率对测试样品进行步骤冷却。

③ 观察 G''（黏性模量）或 η'（弹性黏度）的变化。

④ 当 G'' 曲线的斜率突然向上变化时，在冷却时，两个斜率交点处的温度显示配方中的不兼容物种突然从胶黏剂基体中突出的点。这与我们裸眼确定雾点的概念相似。

基于流变学测量，可以不考虑 HMA 配方中使用的颜料或颜色，透明度和任何成分，当 G'' 从高温往低温下降时显示其突变的温度可被认为是描述 EVA 和掺入的增黏剂等兼容性的良好指标。

大多数胶黏剂用户除了关心可加工性和黏剂性能外，还喜欢接受清澈或透明的 HMA。以下是实现这一美学目标的两种方法。

① 为了生产透明 EVA 基 HMA，首先应选择具有相似溶解度参数的 EVA 和增黏剂。换句话说，所选择的增黏剂应该与 EVA 的软 VA（乙酸乙烯酯）片段非常兼容。天然增黏剂如松香和萜烯衍生物是比较具极性的材料，因此与 VA 更兼容。不考虑颜色，通常用天然增黏剂制造透明 EVA 基 HMA 更容易。在各种类型的合成烃增黏剂中，C_5（脂肪族）/C_9（芳香族）或 C_{10}（DCPD，二环戊二烯）/C_9 共聚增黏剂与 VA 更兼容，并且可以更容易制造出透明 EVA 基 HMA。

② 对于获得透明 HMA 也是至关重要的。在混合过程中，胶黏剂共混物在超过共混物浊点的高温下通常是透明的。当完成的胶黏剂混合物在非常高的温度下被冰水浴骤然冷却时，完全延伸的（或定向的）分子链的运动被冰水突然淬火。尽管胶黏剂混合物在冷却后立即能保持透明，但是这些已被伸展的分子链往往在室温下回到其无规卷曲状态。这种缓慢的分子热力学运

动会在胶黏剂储存一段时间之后引起一些不透明。为了将这种不希望的现象减到最少，热熔产品可以通过缓慢的搅拌（仅用于热交换）对混合物料进行预冷却。在这种预冷过程中，一些完全伸展的分子链有很大的机会在冷水浴中突然骤冷之前逐渐回缩到无规卷状态。因此，即使在室温下长期保存，这些产品仍然具有更好的透明性。

有时会发现透明 EVA 基 HMA 在用涂布器涂在被贴物上后会变成不透明的。这是因为那些被延伸但已被淬火的分子链在重新在熔化过程中再次获得足够的能量并趋向于回到高熵状态，这可能导致一些不透明性。客户或消费者有时需要用颜色或清晰度来描述热熔胶黏剂的外观。颜色从哪里来？为什么有些胶黏剂比其他胶黏剂更透明？颜色和清晰度是否意味着质量？为什么客户喜欢浅色和透明胶黏剂？

对于这个宇宙中的所有材料，当它们的电子被一定的能量激发时，它们可能会发出显示不同颜色的波长。这些颜色是由人眼观察到的或者是由仪器检测到的。大多数含有更多极性官能团和/或双键，三键的聚合物材料倾向于产生多彩的物体。结果，当热熔配方含有更多的极性成分，例如没有氢化烃树脂和天然松香及其衍生物时，它们通常比那些氢化成分更暗。

不考虑颜色，如果热熔胶配方中使用的成分非常兼容，具有相似的溶解度参数，则配制的产品将是清澈的或透明的。另一方面，对于不太相容和不相容的配制胶黏剂，外观是浑浊或不透明的。清晰度可能不是许多应用程序的重要考虑因素。然而，这些浑浊和不透明配方的热稳定性比那些透明配方相对差。HMA 配方中的不兼容成分由于它们不同的溶解度参数容易在高温加热时有倾向于彼此分离。注意，上述浑浊和不透明的外观并不适用于具有晶体的那些材料，例如乙烯乙酸乙烯酯（EVA）的蜡和乙烯链段。

许多用户，特别是亚洲国家的用户，由于美学的原因，往往要求为大多数应用提供水白色和透明的 HMA。因此，这些 HMA 配方需要水白色的氢化增黏树脂。所有选定的成分也必须兼容。根据黏合原理，更高极性的胶黏剂通常由于其更高的表面能而对基材产生更好的黏合性。换句话说，为了美观的目的而选择更昂贵的水白色成分可能会影响胶黏剂的性能。为了补偿由于较低的表面能量导致的部分固有黏合力的损失，胶黏剂的流变性就成为影响黏合性能的重要因素。

事实上，除了美观的原因，透明胶黏剂在高温下长时间加热时表现出更好的热稳定性和适用期。这对使用诸如辊式涂布生产线的开放式涂布系统的工艺特别重要。

综上所述，根据流变量据，各种 HMA 配方设计者的热黏性差异可以定量测定，不需要进行大量的反复试验和不可重复的定性试验。

3.2.4　EVA 基热熔胶的胶黏物性

EVA 基热熔胶（HMA）的胶黏物性非常多，这里只列出剥离力、耐热性与耐寒性。

3.2.4.1　EVA 基热熔胶的剥离力

类似一般的压敏胶，当将 EVA 基 HMA 的 T_g 调到约室温之下时，会得到较高的剥离力。原因是在剥离时，如果 $\tan\delta$ 值越高，则胶黏层的延伸率越大，剥离力通常也会因此而上升。我们发现大部分室温用 EVA 基 HMA 的 T_g 大约都落在 $20\sim25℃$。图 3-25 是典型 EVA 基 HMA 的温度扫描流变曲线。它的 T_g 约为 $22℃$。

图 3-25　典型 EVA 基 HMA 的温度扫描流变曲线

3.2.4.2　EVA 基热熔胶的耐热性

EVA 基 HMA 的耐热性可以用 SAFT（shear adhesion failure temperature，剪切胶黏失效温度）和 PAFT（peel adhesion fail temperature，剥离胶黏失效温度）表征。试片及测试方法如下所述。将 42♯原浆牛皮纸裁成 $1''×4''$（$1''=1in=25.4mm$）的条状。制备厚度为 $4\sim6mils$（$100\sim150\mu m$，$1mil=25\mu m$）之热熔胶膜。将热熔胶膜裁切成 $1''×0.5''$条状。将两片牛皮纸依纵向重叠，取其间 $0.5''$的位置（SAFT 与 PAFT 热熔胶膜放置位置不同），将裁切后的热熔胶片置于其间。

将这些样品以热密封机器热贴合。最好的热封条件是 $150℃$、$10kg/in^2$ 压力和 $1.5s$ 的压着时间。这是典型 EVA 包装胶最好的测试条件。对于不同的热熔胶配方，或许需要改变压着时间来影响接着。操作者须先撕裂几个试片来确定接着条件是否恰当。每一测试的热熔胶需制备六个试片（三个做测试用，另外三个备用）。将热风循环烘箱设定在 $55℃$。

使用一夹子固定在已胶黏试片末端。将试片悬挂于热烘箱设备中，以另一夹子将 $200g$ 重砝码与每一试片底部相连。于 $55℃$ 热烘 $30min$ 后，再调整温度至 $60℃$，然后再将定时器调至 $30min$，持续进行此步骤（温度每次增加 $5℃$），直到试片断裂掉落，记录可通过测试的最高温度。三个试片中过两个就算通过。大部分失败发生于温度上升期间。通常，三个试片的掉落温度都相当接近。

若 SAFT 为 $70℃$ 时，意指为试片通过 $70℃$、$30min$ 循环没有断裂，于 $70℃$升温至 $75℃$时断裂。如果能以程控烘箱来做实验，就可以做出较为正确的 SAFT 与 PAFT 数值。

从流变性来说，通常 $tan\delta=1$（流动点）的温度点越高，HMA 的耐热性就越高。这个目标可以从选用分子量较大或 MI 较小的 EVA 来达成。较高软化点的增黏树脂也可以达成这个目标，但会牺牲 HMA 的耐寒性，需要调整 HMA 配方的组成比例。

3.2.4.3　EVA 基热熔胶的耐寒性

EVA 基 HMA 的耐寒性可以用下列方法测试。

① $2''×3''$方形纸板（瓦楞纸）-标准化纸板，每面使用 IP 42♯原始牛皮纸。

② 玻璃容器中的热熔胶的温度应为 $175\sim180℃$。

③ 用温度计或玻璃棒在纸板方块上涂上均匀厚度的热熔胶线。将已上

胶的纸板与另一纸板的纹理垂直对齐。

④ 短暂的加压时间。以 500g 重横跨纸板压两次。

⑤ 为每种测试产品制作 12～15 个样品，并在测试前静置过夜。

⑥ 于同一日内测试−20℃、0℃、室温和 40℃（每一温度做 3 个）。

⑦ 用手撕开，记录纤维断裂百分比，深浅度与脆度及其他评论。

⑧ 不要让试片回到室温。必须在特定温度条件下做完测试。

从流变性来观察，T_g 越低则耐低温性越佳。这个目标可以选用较低软化点的增黏树脂来达成。但是这种做法会降低 HMA 的耐热性。也可以从 HMA 配方比例来调整。

3.3　热熔胶棒的介绍

热熔胶（HMA）最初是为工业的各种应用而开发的。它们广泛地应用于包装、纸箱封口、木工、电子、制鞋、橱柜制造、花店、室内装潢、产品组装、家居 DIY 等各种应用市场。针对家庭和商店使用，可以通过胶棒以及简单和轻量的胶枪来上胶（图 3-26）。

图 3-26　典型胶棒和胶枪（源于成铭热熔胶博物馆）

3.3.1　热熔胶棒的规格

市场上有几种不同类型的热熔胶棒。以下是一些典型的规格。

（1）外观　水白至深琥珀色；清晰到不透明的胶棒都可用。通常情况下，浅色和透明胶棒的原材料成本较高。它们在外观上看起来不错，但由于其表面能相对较低，所以它们的黏合性能往往比深色 HMA 的黏合性能差。

（2）颜色　任何客户询问的颜色都可以根据具体要求生产。着色剂可以是有机染料和无机颜料。

（3）尺寸　胶棒市场上可以买到各种直径和长度的产品，如 1/4in 直径，4in 长；7/16in 直径，4in 长；7/16in 直径，10in 长；5/8in 直径、2in 长；5/8in 直径，10in 长；1in 直径，3in 长等（图 3-27）。从技术上讲，胶棒的制造能够根据所选的胶枪和特定的市场需求提供任意的直径和长度，其中直径为 7/16in（约 11.2 毫米）是市场上最常用的尺寸，直径的一致性对胶枪的应用起着最重要的作用。

图 3-27　典型各种不同尺寸的胶棒（源于成铭热熔胶博物馆）

（4）原材料　三种热塑性弹性体通常用于制造胶棒：EVA，APAO 和 PA（聚酰胺）。EVA 和 APAO 热熔胶棒中也加入了各种增黏剂。它们基本上分类为天然树脂，如松香和萜烯衍生物；合成石油烃树脂，如脂肪族、芳香族和二环戊二烯。PA 胶棒是一种 100% 合成聚合物，无需添加任何增黏树脂来改性。

（5）基本性质　环球软化点和熔体黏度是大多数技术数据表（TDS）中显示的两个主要物理性质。

（6）可加工性　开放时间、定型时间和热黏性是非常重要的性能，这些会大大影响黏合的程度。由于这些性能受施加器、施加条件或环境以及被贴物材料的影响很大，TDS 上报告的大部分数据都是非常主观的，仅供参考。

（7）性能　对各种被贴物材料的黏合性能也很主观，很大程度上取决于黏合被贴物材料的内聚强度和表面能。在选择适当的胶棒之前，总是需要真实世界的试验。通常，掺入 HMA 的松香衍生物可以提供对低表面能材料的更好的黏附性。但是，这些 HMA 的颜色通常比对应的颜色更暗。在较高的温度下应用，例如 190℃，对于黏合到低表面能塑料基材上也是非常有用的。因为升高的温度会熔化塑料表面并引起更多的接触表面。

3.3.2　热熔胶棒的关键要求

虽然技术数据表（TDS）上列出了许多规格，但胶棒的直径是能成功使用胶枪的最重要的规格。大多数胶枪的设计都是为了接受具有一定直径的胶棒。对于大多数的胶棒都允许一个公差，例如，11～12mm，胶棒能有一致的直径是胶枪能长期顺利使用的重要因素。胶棒的直径如果较大就无法顺利插入胶枪。相反，如果胶棒直径较小时，或是胶枪口径偏大时，则胶棒插入胶枪后会较松而导致胶棒触发或前进困难。因此，胶棒的准确直径将提供一致的胶黏剂输出，同时不会损坏胶枪，使用者可以不用担心输出胶条的尺寸和黏合强度的一致性。

所有的聚合物材料在从高温冷却到低温时都会产生一定程度的收缩。当在高温下在混合器中制造热熔胶黏剂时，聚合物分子链可以完全伸展和取向。然而，在挤出之前在储胶槽中冷却之后，聚合物分子链可以松弛并回卷到一定程度。当 HMA 通过固定尺寸的聚四氟乙烯管挤出时，胶棒的直径基本固定。由于热收缩，HMA 的直径会稍微收缩。为了弥补这种尺寸变化，聚四氟乙烯管的直径应该根据胶棒的收缩程度略大于目标尺寸。当然，每种热熔配方的收缩百分比由于它们在分子结构、聚合物/增黏剂的重量比和黏弹性方面的差异而不同。理论上，胶黏剂配方中更多的 VA 含量和更多的增黏剂将花费更多的时间使分子链松弛回到无规卷曲状态。因此，存储在胶黏剂基体中的残余应力将逐渐引起一些尺寸的变化。在实际操作上，基于标准工艺条件，对于不同配方维持相同直径是非常困难的。幸运的是，分子运动造成的尺寸偏差并不像过程条件那样明显。换句话说，大部分的 HMA 胶棒制造厂，并不会针对 HMA 的配方而改变聚四氟乙烯管的直径。

我们都认为，胶棒上的明显直径变化主要是由于熔融 HMA 从聚四氟乙烯管中挤出后在水槽中进行冷却时拉伸的过程所造成的。然而，多数输出 HMA 到聚四氟乙烯管的泵并没有办法送出速度一致的 HMA，这会导致胶棒的拉伸速度改变，将显著地影响胶棒的直径变化。为了精确控制胶棒的直径，需要一个非常精确的容积式齿轮泵。另外，根据容积式齿轮泵的输出速度，断头台前胶棒的拉速应该是一致的。

做好相同尺寸的胶棒是一项困难的工作。然而，为了使胶棒具有非常精确和一致的直径，则需要高级或精密的生产设备和胶棒成型系统以及大量的试错的努力。

3.4　APO 基热熔胶

聚丙烯是日常生活中最通用的塑料之一。两种类型的聚丙烯通过化学制造，即异聚丙烯（IPP）和无规聚丙烯（APP）。IPP 是一种坚韧的结晶聚合物，主要用于制造薄膜和成型材料。APP 是一种高软化点，柔软而略带橡胶状的无规聚合物。APP 是 IPP 制造商的一个副产品。大多数 APP 被用作沥青路面和屋顶的改性剂。它也被用于热熔胶行业作为主要聚合物或改性剂多年。自 20 世纪 80 年代以来，由于生产的 IPP 产率很高，副产品 APP 的供应量就不足。为了补偿在热熔应用中广泛消耗的 APP 的不足，工业界因此开发了量身定制的无规聚烯烃（APO 或 APAO）并大量生产。典型的 APO 可以是土豆状或是粒状。主要的制造商有 Eastman、Rexene 和 Evonic。各种烯烃共聚物见于市售的产品主要有丙烯均聚物——无规丙烯（APP）、共聚物（双组分）——无规丙烯/乙烯（APE）、无规丙烯/丁烯（APB）、无规丙烯/己烯（APH）和三元共聚物（三组分）——丙烯/乙烯/丁烯（图 3-28）。各种 APO 的硬度顺序是：APP＞APE＞APB＞APH。

图 3-28　典型 APO 原料（源于成铭热熔胶博物馆）

APO 单独提供相对较低的黏度，并且比 EVA 有更好的低温黏附性。它们是非极性的，具有较佳的耐酸碱和有机溶剂性能。虽然它们表现出相对于 SBC 与 EVA 有非常高的环球软化点，范围约从 100℃到 155℃，但它们的内聚强度比较低，在高温下有蠕变趋势。

一些 APO 本身可以用作某些应用的胶黏剂，然而，用各种增黏剂、增塑剂（例如聚丁烯油和矿物油）和/或蜡改性 APO 可以极大地扩大 APO 在各种应用市场中的用途。与 EVA 基的 HMA 类似，APO 基的 HMA 在高温下加热时能黏合到被贴物上。与 EVA 基的 HMA 相比，APO 基胶黏剂提供相对较长的开放时间和较慢的定型时间。

各厂牌每一种 APO 的组成和分子量不同。代表性 Eastman Eastoflex APO 的规格如表 3-2。从规格中我们可以看到纯 APP 或 APP 比例高，APO 的软化点较高，玻璃化点较高，熔融黏度越高，耐热性可能越高。

表 3-2　代表性 Eastman Eastoflex APO 规格

产品	种类	环球软化点/℃	玻璃化点/℃	熔融黏度(190℃)/(mPa·s)
P-1010	APP	155	−10	1000
P-1023	APP	155	−10	2300
E-1060	APP/APE	140	−23	5700
E-1200	APP/APE	143	−28	17000
M-1010	PP/APP/APE 混合	150	−15	1000
M-1018	PP/APP/APE 混合	155	−18	1800
M-1020	PP/APP/PAE 混合	153	−21	2000
M-1025	PP/APP/APE 混合	155	−18	2500
M-1030	PP/APP/APE 混合	155	−10	3000
M-1058	PP/APP/APE 混合	155	−15	5800

不同规格的 APO，G' 和 $\tan\delta$ 曲线也不同。如 P-1010 和 P-1023 比较，T_g 较低，峰值略低，G' 平台在低温区较低，在高温区较高，$\tan\delta_{min}$ 较低，$\tan\delta=1$ 温度值相似（图 3-29）。当 G' 曲线在玻璃平台（glassy zone）如果与其他试片比较时偏低（P-1010 与 P-1023 比较），说明在很低温时已有部分试片脱离夹具。这种问题可以从试片厚度增高、起始温度增高，或是形变量降低来解决。这里要特别说明，不同的 APO 仍有不同含量会结晶的高分子。也因此在做流变试验时，通常先将样品加热与夹具得到很适当的密合后再冷

却到某低温起始温度的步骤，如果冷却太快时，可能仍有残留会结晶的高分子结构无法在短时间内结晶。这些残留高分子会在冷却时呈现较低的 G' 值，这种现象特别会发生在比较兼容的 APO/增黏剂混合系统。严格来说，纯 APO 或 APO/增黏剂混合系统必须在夹具上经过约 8 小时的自然冷却后才可以得到再现的结果。以下的流变性都是试片在夹具上慢速冷却后测试，对于高于室温区的流变数据结果仍需略为保留。

图 3-29　Eastman Eastoflex APP 的流变性

当部分丙烯被乙烯取代后，APP/APE 的流变性改变。E-1060 和 E-1200 比较，T_g 相似，G' 平台较低，$\tan\delta_{min}$ 相似，$\tan\delta = 1$ 温度值较高（图 3-30）。

Eastoflex M 系列产品，是将 PP/APP/APE 混合。如果选择三个熔融黏度不同（分子量不同）的牌号比较，从流变型观察到 T_g：M-1058＞M-1010＞M-1020，G' 平台：M-1058＞M-1010＞M-1020，$\tan\delta_{min}$：M-1058＜M-1010＜M-1020，$\tan\delta = 1$ 温度值：M-1058＞M-1010＞M-1020（图 3-31）。

Rexene 生产的 APAO 除了外表与 Eastman 的 APO 产品外形不同外，

图 3-30　Eastman Eastoflex APP/APE 的流变性

图 3-31　Eastman Eastoflex PP/APP/APE 混合的流变性

Rexene 公司多了 APP/APB 共聚高分子。代表性 Rexene Rextac APAO 规格见表 3-3。主要产品有 APP、APP/APE、APP/APB。过去也曾经研发过 APP/APH。APP/APB 会呈现较长的开放时间。这是 EVA、APP 和 APE 无法提供的特性。在某些 HMA 的应用市场，较长的开放时间是必要的。此时，APB 的存在就可以提供较长的开放时间。通常，APP 比例较多的软化点较高（耐热性较高），玻璃点较高（耐寒性较低），开放时间较短，分子量越高则熔融黏度越高。

表 3-3　代表性 Rexene Rextac APAO 规格

产品	种类	环球软化点/℃	玻璃点/℃	熔融黏度（190℃）/(mPa·s)	开放时间
RT-2304	PP/Low ethylene	141	−29	400	20s
RT-2315	PP/Low ethylene	141	−29	1500	20s
RT-2730	PP/Butene-1	110	−23	3000	5min
RT-2780	PP/Butene-1	110	−23	8000	5min

代表性 Rexene Rextac APAO 的流变性如下。APP 的分子量越高则 T_g 略高，峰值较高，G' 平台相似，$\tan\delta_{min}$ 较低，$\tan\delta=1$ 温度值较高（图 3-32）。如果 APB 的分子量越高，T_g 相似，G' 平台较高，$\tan\delta_{min}$ 较低，$\tan\delta=1$ 温度值较高（图 3-33）。

图 3-32　Rexene Rextac APP/APE 的流变图

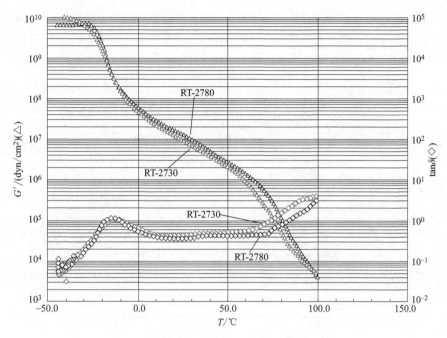

图 3-33　Rexene Rextac APP/APB 的流变图

Evonic Vestoplast APAO 与前两个公司不同。表 3-4 为代表性 Evonic Vestoplast APAO 规格。所有的 Vestoplast 产品都是无规三元聚合 APAO，含有不同比例的 PP/PE/PB。代表性 Vestoplst 无规三元聚合 APAO 的丙烯（propene）比例越多软化点较高，玻璃点略低，开放时间较短。熔融黏度越高，通常分子量较大。

表 3-4　代表性 Evonic Vestoplast APAO 规格

产品	种类	环球软化点/℃	玻璃点/℃	熔融黏度（190℃）/(mPa·s)	开放时间
V-508	(1-)Butene-rich	84	-31	8000±2000	1min
V-608	(1-)Butene-rich	157	-32	9000±3000	3min
V-828	Propene-rich	161	-35	25000±7000	70s
V-888	Propene-rich	161	-36	140000±40000	4s
V-891	Propene-rich	162	-33	115000±35000	40s

各种代表性纯（100%）Evonic Vestoplast APAO 的流变性如下（图 3-34）。无规三元聚合的 APAO 是乙烯（ethene），丙烯（propene）和丁烯（butene）共聚的高分子。丙烯比例越多的 APAO 会有较高的 G' 平台和较高软化点，

图 3-34　纯 Evonic Vestoplast APAO 的流变性（源于台湾宏盛）

Tanδ＝1 温度值较高。

APO 与不同种类的增黏剂（表 3-5）混合后，也有不同的流变性。氢化程度不同的增黏剂 V-888 以 50/50 混合后，流变性非常不同（图 3-35）。基本上，相同的 APAO，C_9 氢化程度越高，T_g 越高，$tanδ_{max}$ 峰值较高，G' 平台越低，$tanδ_{min}$ 越高，$tanδ＝1$ 温度值相似。

表 3-5　不同种类增黏剂

产品	种类	软化点/℃	厂商
FC-100	低度氢化 C_9	100±3	中国台湾和益
FM-100	中度氢化 C_9	100±3	中国台湾和益
FP-100	高度氢化 C_9	100±3	中国台湾和益
EXXON-5400	氢化 DCPD	103	美国艾克森美孚
EXXON-5600	氢化 DCPD/C_9	102	美国艾克森美孚
SU-100	氢化 DCPD	105	韩国可隆
SU-400	氢化 DCPD/C_9	100	韩国可隆
C-100W	氢化 C_5	100	中国扬子伊士曼
JH-3204	未氢化 C_5	100	中国金海

图 3-35　V-888 与氢化程度不同增黏剂混合后的流变性

如果以不同比例的 DCPD/C$_9$ 共聚增黏剂，如以 E-5600 与 E-5400 比较，与相同 APAO V-888 以 50/50 混合，C$_9$ 比例越高，T_g 越低，峰值较低，G' 平台越高，tanδ_{min} 较低，tanδ＝1 温度值越低（图 3-36）。相同的结果可以在不同的 APAO V-608 观察到（图 3-37）。相同的结果也在不同公司（Kolon SU-400，SU-100）生产的增黏剂观察到（图 3-38，图 3-39）。

当用不同的 APAO，如 V-888 与 V-828，和相同增黏剂，如 C-100W，以 50/50 混合时，流变性的变化如下（图 3-40）；T_g 相似，峰值：V-888 略低于 V-828，G' 平台：V-888＞V-828，tanδ_{min}：V-888＜V-828，tanδ＝1 相似，但是在约 90～140℃，tanδ 值：V-888＞V-828。这种流变性的变化和 APAO 的结构有关。

当在不同公司 C$_5$ 增黏剂，如 Eastman C-100W 与 JH-3204，与相同的 APAO，如 V-888，以 50/50 混合时，两者的 T_g 相似，G' 平台相似，tanδ_{min} 相似，tanδ＝1 温度值也相似（图 3-41）。在此，我们判定两者的流变性很相似。Eastman C-100 氢化后较浅色，但是 JH-3204 极性稍高，我们预期 JH-3204 会有稍高的胶黏物性。

图 3-36　E-5600、E-5400 与 V-888 以 50/50 混合的流变性

图 3-37　E-5600、E-5400 与 V-608 以 50/50 混合的流变性

图 3-38　SU-400、SU-100 与 V-888 以 50/50 混合的流变性

图 3-39　SU-400、SU-100 与 V-608 以 50/50 混合的流变性

图 3-40　C-100W 在不同 APAO 中以 50/50 混合的流变性

图 3-41　不同 C$_5$ 增黏剂在相同 APAO 中以 50/50 混合的流变性

如果外加蜡，如 Shell SX-105，于 V-888 和 Eastman C-100W（50/50）中，蜡的含量越高，则 T_g 相似，$\tan\delta_{max}$ 峰值越低，G' 平台越高，$\tan\delta_{min}$ 较低，$\tan\delta=1$ 温度值相似（图 3-42）。

图 3-42　外加蜡于 V-888 和 Eastman C-100W（50/50）中的效应

在不同 APAO 中（V-888 和 V-828）加入 DCPD/C_9 增黏剂，如 Kolon SU-400，流变性结果是 T_g 相似，V-888 的峰值较低，V-888 的 G' 平台较高，V-888 的 $\tan\delta_{min}$ 值较低，V-888 的 $\tan\delta=1$ 温度值较高（图 3-43）。前面已解释过，这种差异和 APAO 的种类和馏分的比值有关。

如果以 SU-100 和不同的 APAO 以 50/50 混合，T_g 相似，峰值：V-891＜V-608＜V-508，G' 平台：V-891＞V-608＞V-508，$\tan\delta_{min}$：V-891＜V-608＜V-508，$\tan\delta=1$：V-891＞V-608＞V-508（图 3-44）。

类似的结果也在氢化 C_9（FM-100）中观察到（图 3-45）。V-888 和 V-608 比较。不同 APAO 有相似的 T_g，V-888 的峰值较低，V-888 的 G' 平台较高，V-888 的 $\tan\delta_{min}$ 较低，V-888 的 $\tan\delta=1$ 温度值较高。

如果将 APAO（V-888），EVA（UE649-04），与增黏剂（FM-100）混

图 3-43　不同 APAO 与 SU-400（氢化 DCPD/C9） 50/50 混合后的流变性

图 3-44　不同 APAO 与 SU-100（氢化 DCPD） 50/50 混合后的流变性

图 3-45　不同 APAO 与 FM-100（氢化 C₉）50/50 混合后的流变性

合，APAO 比例越高或 EVA 比例越低会得到比较复杂的结果，混合物的 T_g 相似，tanδ 峰值越高，G' 平台在低温区较低，高温区较高，tanδ 在低温区较高，高温区较低，tanδ＝1 温度值较高（图 3-46）。

　　由这些 APO 产品配方而成的热熔胶很多，下面为典型 APO 基的热熔胶（图 3-47）。

　　大多数化学家认为，APO 的低极性特性是 APO 基 HMA 对 PE 和 PP 等低表面能材料具有良好黏附性的主要原因。事实上，"相似相溶"（like dissolve like）原理对于化学混合或配方组成是有利的，但不适用于黏附行为。与"相似相溶"原理相反，具有更大极性差异的材料才能产生更高的物理吸附并导致更好的黏附的关键因素。

　　非极性 APO 基 HMA 可以在大多数基材上提供良好的附着力的主要原因是什么？一般人都知道 APO 基 HMA 会表现出较低的内聚力或内部强度。在分离时，当外力施加到胶黏剂层时，胶黏剂首先会拉长，tanδ 高；对于 APO 基 HMA 而言，大部分的施加作用力都是通过解缠的方式在分子链内

图 3-46　APAO 以 EVA 取代的流变变化

图 3-47　典型 APO 基热熔胶（源于成铭热熔胶博物馆）

消散的。只有很小的作用力可以达到胶黏剂和基材的界面。因此，APO 基 HMA 通常观察到内聚破坏（cohesive failure，CF）。由内聚破坏模式而通常会导致的断裂能量却远高于由接口破坏模式（adhesive failure，AF）的断裂能量。简言之，APO 基 HMA 可以更好地黏附在 PE 或 PP 的主要原因是 APO 的延展性（tanδ）较高，内聚力较弱所致。APO 基 HMA 可以在 AF 产生前，AF 为线力量，即产生 CF，CF 为面力量或体积力量。整体的剥离力 CF 通常可比 AF 较大。当然，两相同延展性的 APO 基 HMA，有比较高 G' 平台值的 HMA 可以呈现较大的分离力量。这里要明确地说明"相似相溶"原理并不是造成更好胶黏的原因。

　　总之，APO 基 HMA 是相对 EVA 基 HMA 一种开放时间较长，定型时间较慢的 HMA。它们是化学惰性的，可以较佳的耐极性溶剂，提供较低内聚力，并且可以较容易地黏附到低表面能材料。以下为 APO 基 HMA 在冷却过程中的强度变化和时间关系（图 3-48）。有的 APO 基 HMA，因为配方不同，而具有不同的定型过程，因此有不同的 G' 值上升过程和最终 G' 值[图 3-48(a)]。而有的 APO 基 HMA 虽具有不同的定型过程，却有相同的最终 G' 值[图 3-48(b)]。我们可以从流变学中 G' 值在冷却过程的变化来了解各个 HMA 的特性，如开放时间、定型时间、初期黏着力和最终强度。从降温的流变曲线变化，配方设计者就可以针对市场的需要选择最适当的配方原料和组成。

图 3-48

图 3-48　APO 基 HMA 的冷却流变行为（源于中国台湾宏盛）

3.5　热熔胶和热熔压敏胶的局限性

虽然传统的 HMA 和 HMPSA 具有很多优点，但在某些应用市场上它们不能代替可交联的溶剂和水性胶黏剂。HMA 和 HMPSA 有两个主要的缺点。首先，它们是热塑性化合物，当环境的温度接近它们的流动点时，通常大约100℃时，HMA 和 HMPSA 熔体流动或蠕变。因此，它们不适用于高温应用在高温下会丧失强度。如汽车引擎箱内的线束胶带。其次，几乎所有的 HMA 和 HMPSA 配方都含有部分低分子量增黏树脂，它们是有机溶剂和/或增塑剂的可溶性成分。典型的情况是将 HMA 或 HMPSA 贴合到含增塑剂的聚氯乙烯（PVC）上。几乎所有的 HMA 和 HMPSA 都不能很好地黏合到高度塑化的 PVC 物体上。PVC 本身就是一种刚性材料，由于其高表面能，本来是很容易被任何胶黏剂黏合的一种塑料。然而，当使用 HMA 或HMPSA 贴合到已经增塑的 PVC 上时，HMA 和 HMPSA 中的一些组成分会被增塑剂邻苯二甲酸酯等逐渐软化，因此胶黏剂组合物和黏合性能会因此而逐渐改变。

如何提高 HMA 和 HMPSA 的耐热性和增塑剂性能？近年来许多传统的 HMA 和 HMPSA 制造者不断引入了许多新技术来提高耐热性和耐增塑剂性于胶黏剂行业。两种主要的成功技术是辐射（例如某些 Kraton 弹性体用紫外线和/或电子束可固化的）和湿气（例如反应性聚氨酯，PUR）可固化的 HMA。一旦胶黏剂固化或交联，它们的分子量就会变得无限大。因此它们就可提供耐高温和耐增塑剂的性能。以下为一个代表型经过架桥前后的流变曲线示意图（图 3-49）。

图 3-49 架桥前后性质

［架桥前为热塑性（thermoplastic），架桥后成为热固性（thermoset）］

3.6 热熔系统和涂布器的温度设置与清洗

3.6.1 热熔系统和涂布器的温度设置

热熔融箱，软管和喷枪的温度设置到底应该多少度？这些是热熔胶用户最常问到的问题。许多热熔胶涂布系统的供货商都建议用户将热熔系统的每个区域的起始温度设定在 175℃ 或以下。用户经常会问，如果选择的热熔胶的黏度很高，难以应用，是否可以设定高于 175℃ 的温度。在较高的温度下，当温度超过 175℃ 时，聚合物分子的双键（或 π 键）趋于打开，产生两个自由基。这些自由基是非常不稳定或是具有反应性的，会自发地与空气中的氧气发生反应。结果，热熔胶在熔胶槽中加热时被氧化和老化。值得注意的是，大多数热熔胶在低于 175℃ 的温度下，基本上是不会形成自由基。当熔胶槽中的热熔胶用氮气保护层或真空保护时，即使胶黏剂中存在自由基，它们也不会被氧化。

为了确保高黏度热熔胶可以精确地施用和限制胶黏剂的降解，一般的热熔胶熔胶槽的最高温度都设置为175℃。可以提高软管和喷枪的温度。因为这些部分内的热熔胶不会暴露在空气或氧气中，它们将没有机会被氧化。只要胶面接触空气部分的温度不超过175℃，使用者可以在一定程度上提高熔解槽的温度设定。但熔胶槽内的胶黏剂应始终保持在总槽深的80%～90%液位面以防止熔胶槽外的加热片将槽内上半部的熔胶槽烧黑或炭化。

大多数的热熔胶槽都用加热片，如筒式加热器或铸造式加热器，于胶槽外面加热。这些加热设备通常集中在熔胶槽的下部或底部。如果用户不断地向熔胶槽中投入室温的热熔胶以保持整体热熔胶的液面位置，则这些刚加入的室温固体热熔胶也可降低这些已加热熔融热熔胶的温度，特别是在表面与空气接触的熔融热熔胶。事实上，暴露在空气中的顶层热熔胶的温度是不会超过设定温度。因此，胶黏剂用户也可以适度地增加熔胶槽的设定温度，而不必担心整体热熔胶会过热。为了防止氧化，请务必记住，只有暴露于空气（水平表面上）的热熔胶应确保在175℃以下的温度。总之，熔胶机里的热熔胶不可暴露在超过175℃的空气中。如果热熔胶使用者可以确保热熔胶槽顶部或热熔胶表面的温度低于175℃，那么热熔胶槽就可以在高于175℃的温度下运行。

3.6.2 热熔系统的清洗

要清理或清除熔胶槽内残留的热熔胶或机器上的这些污染物对于许多用户来说真的很痛苦。一旦熔胶槽与HMA接触，即使槽内涂有特氟隆，它也只是过于黏性，坚固，而且要清除干净。早些时候，用户可能会为此引入某些有害的溶剂。如今，大多数热熔胶使用者可以填充新的热熔胶，以在新的应用之前将旧的热熔胶从容器中清除出来。但是，当热熔胶使用者只是想在不引入新的热熔胶的情况下清洁或维护熔胶箱和机器时，他们可以做什么？昂贵的热熔胶液体形式以硅树脂为基础的"热熔胶清洁剂"非常适合清洁熔胶槽。清洗剂装入熔胶槽并在指定的高温下加热，最高可达350℉，不会出现问题。在热熔胶罐中浸泡和加热一段时间后，大多数胶黏剂残留物将失去其表面黏性并且易于从熔胶槽的接触表面除去。

用于清洁目的的低成本替代材料被称为"矿物油精""溶剂油"或"清

洁油"，其是低分子量和挥发性石蜡油。由于油中不含芳香族成分，因此不会对使用者的健康造成危害。当选择这种材料用于清洁目的时，选择合适的闪点（反映其分子量）是重要的。对于热熔罐和整个外部机械表面清洁目的，建议在 80℃左右的闪点。如果闪点太低，可能会发生火灾。另一方面，如果闪点太高，清洁后油不容易干燥。

当清洁黏稠的熔胶槽时，使用者应通过排气阀先将热熔胶从槽内排出，尽可能在典型的工艺温度下进行。将熔胶槽的温度降低到约 60℃，用一块布盖住排出口（位于储罐和泵之间），然后将一些矿物油精倒入熔胶槽中，盖上热熔胶的顶层。如果需要的话，让矿物油精浸泡在水箱中约 15～30min，并用软的刮刀刮去熔胶槽壁上的热熔胶。清洁后，使用者可以用注射器将这些液体（含矿物油精和热熔胶）从熔胶槽中吸出。否则，用户可以通过排放阀来冲洗掉所有的液体。但这可能会导致在泵之前堵塞过滤器。由于矿物油精的溶解度参数很低而与大多数热熔胶不兼容，所以热熔胶实际上不会溶解，只是被矿物油精浸泡和溶胀。因此，可以通过外部滤网将热熔胶，热熔胶焦炭和任何异物过滤掉，剩余的油可以重复使用几次，直到矿物油精太黏稠为止。

在清洁机器的外表面时，可以在任何脏的或黏性的表面上喷洒或擦拭相同的矿物精油。让它浸泡一会儿，擦去脏兮兮的斑点。再次，矿物精油与机器上使用的大多数油漆不兼容；它不会溶解和损坏表面处理。而且，用户还可以使用相同的矿物精油来清洁整个工厂的地面和任何脏表面。

第4章
热熔压敏胶的组成和生产

热熔压敏胶的组成很简单，生产很容易，包装不是问题，应用也已经很成熟。这也是很多从业人员想要或已经进入此行业的原因。但是，欲了解每一组分的个别特性和配方的性质则需要较深入地探讨与研究。本章仅略述热熔压敏胶每个组成的重点，热熔压敏胶生产方式及包装，各种应用设备，热熔压敏胶质量控制的基本方法及老化性能探讨。

4.1　热熔胶和热熔压敏胶的定义与应用

热熔胶和热熔压敏胶被广泛使用在各种制造业中已经有约 60 年的历史。几乎所有的行业，包括包装、书籍装订、木工、卫生、建筑、汽车、电子、制鞋、织物多层复合、产品组合、胶带和标签等行业，都使用了大量的热熔胶和热熔压敏胶（图 4-1）。这些胶黏剂的原材料到底是什么物质组成的呢？

图 4-1　热熔胶和热熔压敏胶的典型应用市场（源于成铭热熔胶博物馆）

热熔胶是一种 100％固含量，不含挥发性有机物质的胶黏剂，可以在胶黏剂的熔融状态下用各种方式涂胶，在适当的时间内（开放时间），得到适当的流动、变形和润湿（图 4-2）。热熔胶要靠冷却回到室温后，才能得到实用的胶黏强度。过短或过长的开放时间都无法让热熔胶得到应有的起始强度。热熔胶在应用前后始终保持着热塑性，没有化学反应发生。目前的反应型热熔胶，如 PUR（聚氨酯），严格说来不可以定义成热熔胶。它们只是在施胶时借用热熔胶的加热设备来熔解 PUR，降低熔融黏度。施胶之后，PUR 可利用环境的湿度进行化学反应。有些热熔胶则是用紫外线（UV）和电子射束（e-beam）等涂布之后再交联，发生不可逆的化学反应。这些需要额外化学反应的胶黏剂严格说来都不可称之为热熔胶。如前所述，热熔压敏胶是一种在室温之下即具有表面黏性，有无限长开放时间或贴合时间的胶黏剂。它们在冷却后的任何时候都可以黏到另一种被贴物上。因此，热熔压敏胶是一种在室温下，仅靠轻微的压力就能形成有效胶黏能力的热熔胶。它们通常被用于制造标签和各种胶带等。

图 4-2　热熔胶和热熔压敏胶产品（源于成铭热熔胶博物馆）

热熔胶可分为两大类：非配方型和配方型热熔胶。非配方型热熔胶在合成之后，本身就是一种专用的胶黏剂，不需要用增黏剂或其他材料来改质。典型的非配方型热熔胶有聚酯类（PET）、聚酰胺类（PA）、聚氨酯类（PU）和聚烯烃类（PO）。在实际应用时，也有预先将不同材料混合使用以达到接合目的的配方。非配方型热熔胶在高温的条件下能提供某种起始内聚强度的"热黏性"将被两贴物暂时粘接在一起，冷却至室温固化后获得适当的胶黏强度。

配方型热熔胶通常是由热塑性弹性体、增黏剂和其他成分，如矿物油和蜡等，组合而成的固态溶液。和非配方型热熔胶不同的是，这些热塑性弹性体或是各个单独成分在室温或较高温下都无法提供适度的黏性。三种常用的热塑性弹性体基本成分是苯乙烯嵌段共聚物（SBC）、乙烯-醋酸乙烯酯共聚物（EVA）和无定形聚烯烃（APO）。根据各个应用市场具体物性的需要，可选用各种类型的兼容增黏剂（天然和合成树脂）对这些热塑性弹性体进行改质，使其在接合时产生各式各样的特殊胶黏性能。

大部分市场上常用的热熔胶都是以 EVA 为基础的配方。这类产品通常表现出相对较短的开放时间（一般小于 10s）和很快的固化速度。在室温呈现非常低或无法测量的表面黏性。绝大多数的热熔压敏胶则是以 SBC 为基础的配方，于室温下具有永久表面黏性，在轻微指压下就能提供良好的胶黏性。许多 APO 为基础的热熔胶从熔融态冷却后具有相对于 EVA 较长的开放时间。但是，这种热熔胶并没有永久性的开放时间，在完全固化之后会逐渐失去大部分的表面黏性。这种独特的性质对于涂胶后需要较长开放时间，而胶黏之后又要求较低表面黏性的胶黏工艺非常有用。残留的表面黏性较低时，可以避免粘接区边缘在未来的储存或使用中受到外部污染。

具有什么特性才算是完美的热熔胶或热熔压敏胶呢？在现实的应用市场当中并不存在任何完美的产品，所有的胶黏剂必须根据实际需要进行设计或配方。那么，使用者该如何根据实际需要来选择适当的热熔胶或热熔压敏胶呢？在选择特定应用最理想的产品之前，对于涂胶工艺和各种需要的胶黏性能都必须预先清楚地了解并确定。在后面的章节中将会对具代表性的单独市场的物性需求进行更详细的讨论。

4.2　传统热熔胶和热熔压敏胶的优缺点

传统的热熔胶和热熔压敏胶都是 100％固含量的热塑性材料，不含任何挥发性有机化合物。因此，在生产、运输、储存和施胶过程中都非常安全。由于体积（100％固型物）相对于溶剂胶（通常固型物含量为 40％以下）及水性胶（通常固型物含量为 60％以下）较小，运输与储存的空间较少。最重要的是，热熔胶和热熔压敏胶的每一种成分都是环境友好的材料，对人体健康和生活环境没有任何危害。此外，由于固化速度快的特点，热熔胶在所有类型的胶黏剂中最适合高速生产线的作业。

尽管传统的热熔胶和热熔压敏胶有上述的优点，它们在某些应用市场中还是无法替代可交联的溶剂型和水性胶黏剂。一个典型的案例是热熔胶或热熔压敏胶在含有增塑剂的软性聚氯乙烯（PVC）上的胶黏。几乎所有的热熔胶和热熔压敏胶都不能在含高增塑剂 PVC 的制品上获得理想的胶黏。PVC本身是一种表面能很高的刚性材料，非常容易被任何胶黏剂粘接。但是，当热熔胶或热熔压敏胶粘接在高增塑的 PVC 上面时，会逐渐被 PVC 内部的增塑剂（如邻苯二甲酸酯）软化。因此，热熔胶或热熔压敏胶的组成比例和胶黏性能会随时间延长逐渐发生改变。例如，一个 SBC 为本体的热熔压敏胶会因为增塑剂的渗入，使得苯乙烯塑料相被塑化而逐渐失去内聚力和耐热性能。

如何改善热熔胶和热熔压敏胶的耐热性和耐增塑剂性能呢？单纯地改善传统热熔胶和热熔压敏胶的配方无法获得突破性的效果。近年来，已经有很多新的技术被引入胶黏剂行业。较为成功的两种技术是辐照可交联的胶黏剂，例如，可以使用紫外线（UV）或电子束（e-beam）交联的苯乙烯嵌段共聚物（SBC）和丙烯酸酯预高分子（pre-polymer or macro-monomer）；另外一个是可以通过湿气反应的聚氨酯。这些胶黏剂在交联或固化后的分子量变成无限大，因此可以得到优异的耐高温和耐增塑剂的性能。不过需要进一步说明的是，这两种胶黏剂都不应该被称为热熔胶。按照上一节的定义，热熔胶是一种使用前后都具有热可塑特性的胶黏剂。由于未交联之前的丙烯酸酯和聚氨酯的预高分子黏度较高，为了加工方便而借用了传统热熔胶的可加温熔胶设备来喷涂，再经过辐射或加湿来启动交联反应。明确地说，它们都是热固型胶黏剂而非热塑型的热熔胶。

4.3　热熔压敏胶的组成

热熔压敏胶通常由 4 个主要成分组成：苯乙烯嵌段共聚物（SBC）、增黏剂（天然和石油树脂）、增塑剂（各类矿物油）和抗氧化剂（AO）。这 4个组成成分有各自的功能与流变性。本章只讨论各个组成成分的功能。

热熔压敏胶配方中所使用的成分都是 100% 不含挥发性有机化合物的固体（注：矿物油也被视为一种 100% 的固体，因为它们在生产和涂胶过程中只有很少量低分子会挥发或受热损失。）。热熔压敏胶在生产、储存和涂胶过程中都是安全的，没有火灾和爆炸的危险。表 4-1 列出了热熔压敏胶所用成分的一些基本物理性质。

表 4-1　热熔压敏胶成分的物理性质

性质	SBC	增黏剂	增塑剂	抗氧化剂
外观	固体	固体/液体	液体	固体/液体
颜色	水白	水白、黄色、褐色	水白或浅黄	白色
透明度	透明	透明	透明	不透明
气味	无	无或轻微	无或轻微	无或轻微
软化点/℃	90～110(苯乙烯)	10～160	—	—

生产热熔压敏胶所用的一些典型原材料如图 4-3 所示。

图 4-3　热熔压敏胶使用的组分（源于成铭热熔胶博物馆）

将这些组分在高温条件下混合在一起时（一般为 170℃ 以下），并没有化学反应或交联现象发生。热熔压敏胶仅仅是几种组分的均匀混合物。这种物理性混合物的结构如图 4-4 中所示。可以将高分子视为溶质，而将低分子量的添加剂，如增黏树脂和矿物油，视为溶剂；整个混合物就成为一个"固态溶液"。"固态溶液"和一般习惯认知的"流体溶液"有些不同。在流体溶液中，溶剂可以快速地挥发离开溶质母体；它只是被用来带动高分子的一个媒介物，而非用来调整胶黏剂配方物性的一个成分。而热熔胶里用来调整配方物性的低分子量添加剂则需要花很长的时间或等待胶黏剂接触到其他物质后才会慢慢地离开高分子溶质母体。当这些小分子逐渐离开母体之后，整体配方的比例会产生变化。胶黏物性也因此随着老化时间延长或温度上升而慢慢不断的改变。最显著的例子是，当热熔压敏胶被应用在商标纸或胶带时，会随着储存时间的延长，压力的上升，或温度的提高；使得增黏树脂或矿物油慢慢的离开高分子母体，移行进入所使用的面材中。严重时，会造成标签或胶带明显渗油，失黏或翘边的现象。解决此问题的方法是选择兼容性较好的高分子和添加剂体系；同时尽量减少和使用的高分子相对比较不兼容低分子量物质的比例。治本的方法则是在面材与热熔压敏胶接触的接口上加一层防止移行的底涂剂。

图 4-4　热熔压敏胶的固态溶液结构（源于上海十盛）

　　我们经常会有错觉，认为热熔压敏胶的室温压敏性是由于在配方中加入矿物油才产生的。事实上，一个热熔压敏胶并不一定要加入矿物油才能得到室温压敏性。也因此，可通过在配方中减少矿物油的使用量，来降低矿物油移行的现象。同样，当增黏剂的软化点过低，如室温更低，也容易造成移行。

4.3.1　苯乙烯嵌段共聚物

SBC 为热熔压敏胶提供了内聚力、强度和耐热性。室温下苯乙烯相（塑料相）在胶黏剂中形成物理性交联网络。SBC 在苯乙烯相的玻璃化转变温度以上熔融并且可以流动，这个温度大约为 90～110℃。热熔压敏胶市场中有 4 种常用的 SBC：苯乙烯-异戊二烯-苯乙烯（SIS）、苯乙烯-丁二烯-苯乙烯（SBS）、苯乙烯-(乙烯-丁烯)-苯乙烯（SEBS，氢化的 SBS）和苯乙烯-(乙烯-丙烯)-苯乙烯（SEPS，氢化的 SIS）。这些 SBC 的分子结构如图 4-5 中所示。每种 SBC 都有着自身特殊的分子结构，可用于各式各样的特殊应用场合。

苯乙烯嵌段　　　　　异戊二烯嵌段　　　　　丁二烯嵌段

乙烯-丁烯嵌段　　　　　　　　　乙烯-丙烯嵌段

图 4-5　SBC 的分子结构

早期 Dow Chemical 曾经将 SIS 的部分苯乙烯改为 α-甲基-苯乙烯（alpha-methyl-styrene，AMS），用以提高 SIS 的耐热性。因为 AMS 本身可以得到将近 160℃的软化温度。如果该计划成功，SIS 的耐热应用市场将可大幅提升，特别是汽车市场。不过，因为 α-甲基-苯乙烯与中间嵌段（例如，异戊二烯）的兼容性较苯乙烯佳，形成 SAMS-(Random SAMS/Isoprene)-Soprene-(Random Isoprene/SAMS)-SAMS 的五段结构，使得该计划并没有得到预期的耐热性。最后该计划中止。为了环境保护及提高热熔压敏胶的耐热性及耐增塑剂性能，未来的原料制造厂及胶黏剂研究者应在热熔压敏胶的耐热性和耐增塑剂性能方面继续努力。

SBC 中苯乙烯含量（质量分数）、偶联度（三嵌段百分含量）比例和熔体流动速率（*MFR*)（或称为熔融指数，*MI*）是影响热熔压敏胶黏性能和加工性能的三个关键分子结构参数。SBC 的形态如图 4-6 所示。每个单独的 SBC 分子链都是由中间嵌段（橡胶相）和端嵌段（塑料相）组成的。这些端嵌段结合在一起时就形成了物理性交联相。当周围温度高于物理性交联相的软化点时，这些结合的相就会再熔融分开。当苯乙烯含量增加时，物理性交联相（塑料相）的形态会从圆球状（spherical）变成柱状，进而成为板状。相同的配方，苯乙烯含量增加时，胶黏剂就会较硬。如果二嵌段比例增加（三嵌段比例减少），胶黏剂较会流动或润湿接触表面。很多应用的差异其实就在热熔胶在施胶或接合时的流动性与接触面积。MFR（MI）值越大，表示高分子的分子量越小，也因此可得较低的熔融黏度或稠度。反过来说，当一个 SIS 的 MI 值越低，高分子的分子量越大，就表示相同的配方混合后的稠度较高。虽然配方会呈现类似的剥离力与初黏力，但是配方的耐热剪切或高温内聚力会较高。SAFT（剪切粘接失效温度）也会相对升高。因此，提供稳定的批次间 MI 值，对于 SBC 制造商是非常重要的。目前许多 SBC 的制造商多提供混合后 SBC 的 MI 值。往往配方者或下游工厂人员得到相同或相似的 MI 值，却得不到相似的耐热剪切失效温度 SAFT 或高温持黏力。这是因为 MI 值分布不均所造成。总而言之，对于一个配方者而言，苯乙烯含量、二嵌段比例和熔体流动速率都是研究热熔压敏胶重要的信息。

苯乙烯嵌段　　　橡胶嵌段　　　苯乙烯嵌段
（端嵌段）　　　（中间嵌段）　　　（端嵌段）

橡胶中间嵌段提供胶黏剂的基础

聚苯乙烯端嵌段形成提供交连结构的相畴

图 4-6　SBC 的形态（源于 Eastman Chemical）

每种 SBC 有不同的苯乙烯含量，两嵌段比例和 *MI* 值，因此都有自己的流变特性。以下为典型 TSRC Vector SIS，Kraton SBS 及 Kraton SEBS 的流变图（图 4-7～图 4-9）。

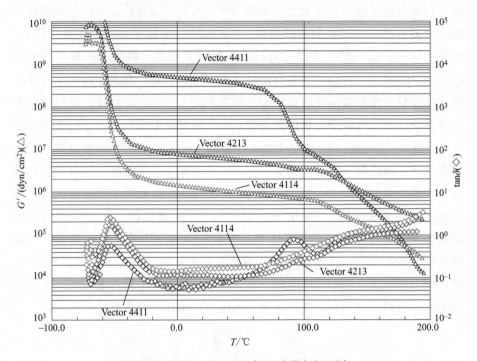

图 4-7　TSRC Vector SIS（源于中国台湾宏盛）

市场上还有辐射状的 SIS（如 TSRC Vector 4186A）存在。它的流变性和线性的 SIS（如 Zeon Quintac 3520）略微不同。在如下的实验配方中（图 4-10），可以清楚地看到在高温区（约 75～125℃）的 tanδ 值不同。其余地区相似。这种流变结果表明，在相同的配方下，TSRC Vector 4186A 可能比 Zeon Quintac 3520 的耐热性较好。

4.3.2　增黏剂

增黏剂是使用石油或天然原料合成的低分子量聚合物，软化点的范围从室温以下到 160℃；分子量 300～2500。增黏剂可以为胶黏剂提供特殊的黏着性和较低的熔体黏度。热熔压敏胶最常使用的增黏剂有两大类（图 4-11）。

图 4-8　Kraton SBS（源于中国台湾宏盛）

图 4-9　Kraton SEBS（源于中国台湾宏盛）

序号	牌号	型态	苯乙烯含量/%	三嵌段含量/%	MFR/(g/10min)
1	TSRC Vector 4186A	辐射状SIS	18	73	22
2	Zeon Quintac 3520	线状SIS	15	78	7

图 4-10　辐射状 SIS 与线状 SIS 之流变性比较（源于杭州邦林）

图 4-11　增黏剂

（1）石油烃类树脂　C_5（脂肪族）、C_9（芳香族）、C_{10}（双环戊二烯，DCPD）、C_5/C_9（共增黏剂）、C_9/C_{10}（共增黏剂）和它们的加氢树脂（图4-12）。这些增黏剂的单体都是从石油裂解和精馏得到的。

图 4-12　合成增黏剂的分子结构（源于 Neville Chemical）

（2）天然树脂　松香、萜烯以及它们的衍生物。萜烯是从松节油的馏分和柑橘中得到的。α-蒎烯、β-蒎烯和柠檬烯是三种主要类型的萜烯原料（图4-13）。松香可以直接从松树中得到（图4-14）。松香酸的三个来源是：①脂松香，直接从成活的松树上割浆采收；②木松香，从老树根中馏出；③浮油松香，为木纤维制浆过程中的副产物（图4-15）。

图 4-13　萜烯增黏剂的分子结构（源于 Arizona Chemical）

松香可以直接从松树中得到。松香的三个来源是：①脂松香，直接从成活的松树上割浆采收；②木松香，从老树根中馏出；③浮油松香，为木纤维制浆过程中的副产物（图4-14）。

松香的衍生物有很多类。图4-15为最常见的衍生结构。其中酯化的松香在热熔胶中用量最大。它是以多元醇酯化的衍生物（图4-16）。至于所使用的多元醇有季戊四醇（pentaerythrit，PE），甘油（glycerol）和二甘醇

图 4-14　松香的采集及松脂（源于荒川）

图 4-15　松香衍生物的分子结构（源于 Arizona Chemical）

$$R_1COOH+R_2OH \rightleftharpoons R_1COOR_2+H_2O$$

图 4-16　松香酯化方式（源于 Arizona Chemical）

（diethylene glycol，DEG）（图 4-17）。它们的软化点及分子量和使用的醇基种类的关系图（图 4-18）。我们也可以从分子结构的角度来了解不同的多元醇与松香酯化造成不同软化点的关系（图 4-19）。通常，酯化后的松香酯依照所使用的多元醇，松香酯会产生不同比例的二聚体（di-mer），三聚体（tri-mer）和四聚体（tetra-mer）。也因此各种松香酯和多元醇聚合后有不同的分子量或软化点及外形，也会导致松香酯本身和配方有不同的 T_g。

图 4-17　松香酯化用多元醇（源于 Arizona Chemical）

　　整体来说，增黏剂是脂化松香、C_5、C_9、C_{10}（DCPD）、C_5/C_9、C_{10}/C_9 共聚物或是它们的加氢物的寡聚合物（oligomer）。可以让热熔胶或热熔压敏胶增黏。这也是它们称为增黏剂的主要原因。若这些树脂或寡聚合物用在别的用途就可能有不同的称呼。那么这些树脂或寡聚合物为什么可以增

图 4-18　软化点及分子量和使用的醇基种类的关系图（源于 Arizona Chemical）

图 4-19　不同的多元醇与松香酯造成不同软化点的关系（源于 Arizona Chemical）

黏？许多人很自然地使用这些化学品，却不知它们可以增黏的真正原因。

　　增黏剂的选择主要取决于所用的 SBC 和应用市场。SBC 和增黏剂兼容时，混合得到的热熔压敏胶是透明的，而且在室温下黏性通常比较高。兼容性较差或不兼容的 SBC 和增黏剂共混物则呈现浑浊或不透明状，室温黏性较低或者根本不粘。目前有很多增黏剂的制造厂商可以提供各式各样及不同分子量或软化点的增黏剂来调整胶黏剂的特性。然而，若无法在分馏时控制在增黏剂中同分异构物，如异戊二烯（isoprene）、间戊二烯（piperylene）和双环戊二烯（cyclo-pentadiene）的比例，就无法得到相同或类似的 C_5 树脂，也就无法与 SBC 得到兼容性相同的结果。进而会使胶黏剂得不到相同的胶黏物性。因此，增黏剂的制造厂应尽可能提供同分异构物相同比例的增黏剂。当然，每一次都得到相同的软化点或分子量的树脂，就可以使混合后的热熔压敏胶得到相同或类似的玻璃化温度，也因此可得到相同或类似的胶黏物性。

增黏剂的分子量和软化点有直接关系。分子量越大则软化点越高。相同的热熔压敏胶配方，加入不同软化点的树脂，固然会得到不同的耐热性，但也使热熔压敏胶的耐寒性产生变化。通常，加入软化点较高的增黏剂，会得到略高的耐高温性能但同时也会损失一些耐低温的特性。因为热熔压敏胶的玻璃化温度会随着增黏剂的软化点增高而上升。这里的平衡点必须和 SBC 与加入的矿物油种类共同思考。总之，一个增黏剂制造厂应提供客户如下的基本特性。稳定或类似的馏分、分子量分布，与使用的 SBC 兼容，拥有一系列分子量或软化点的产品。

有许多人不明白增黏剂制造厂为何很少提供较低软化点增黏剂的主要原因。通常，增黏剂在低于软化点 45℃ 以下的温度储存时会有结块现象。如果增黏剂在夏天储存，且在没有空调的仓库内，100℃ 的增黏剂可能没有结块的现象（100℃－45℃＝55℃），但是 85℃（85℃－45℃＝40℃）或软化点更低的增黏剂在夏天且有重压的条件可能就会开始结块。然而，在寒冷地区使用或需要较低 T_g 的热熔压敏胶配方来得到耐寒性的情况下，多数热熔胶厂家会以比较多分量的矿物油（T_g 较低）来取代增黏剂（T_g 较高），以达到耐寒的效果。但是，这些含矿物油较多的配方可能会造成经时渗油或翘边的问题。在这种情况下，高分子（如 SBC）的分子量上升固然有助于吸油量，但是使用分子量较高的高分子于胶黏剂内的混合较困难；如果能够加入较低软化点的增黏剂，可以降低 T_g 和保持较低的混合及应用黏度，是一个比较好的解决办法。为了解决在夏天储存时增黏剂结块的问题，三方面人员须共同努力。合成增黏剂人员要提供稳定的低软化点增黏剂；热熔胶厂仓库的温度在夏天时要尽量降低；必要时，热熔胶厂须将已结块的增黏剂预先打碎再投入混合设备内。如此便可很容易借由低软化点的增黏剂较佳的热熔压敏胶。

许多增黏剂有相同数值的软化点，却有不同的软化或固化行为。例如，Quintone R-100（主要馏分为 Piperylene）和 Quintone D-100（含有约 8%小量 C₉ 成分）本质上具有相同的软化点，但是他们的流变行为并不太相同（图 4-20）。基本上，从 G' 来比较，R-100 在高温区，约大于 50℃，具有较高的 G' 值。同时，R-100 的 tanδ 在高温区，约大于 50℃，较低。这种流变行为也会反映到它们的配方。在一个兼容的配方系统中，含比较多重量比的 R-100 会在高温区呈现比较高的 G' 和比较高的 tanδ。这种流变行为在加氢前后（如 Escorez 5300，H₂DCPD）更为明显（图 4-21）。除了流变行为变化外，增黏树脂在加氢前后的极性也产生了变化，或是说增黏树脂在加氢前后与所用的 SBC 的兼容性也改变了。总之，增黏剂的软化点并不是主导胶黏性能的唯一变量，配方的流变行为才是主导胶黏物性的主要变量。

图 4-20　相同的软化点，R-100 和 D-100 呈现不同的流变性（源于中国台湾宏盛）

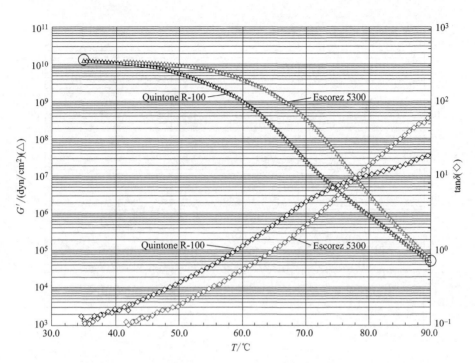

图 4-21　相同的软化点，R-100 和 Escorez 5300 呈现不同的流变性（源于中国台湾宏盛）

表 4-2 是一个典型实验配方组，配方的重量比例是 SBC（30）/矿物油（10）/增黏树脂总和（60）。从流变图亦可以看出不同分子量或软化点的增黏剂对胶黏剂 T_g 值的影响。T_g 会随着液态树脂（C-8010）比例的增加而下降 G' 平台却不会随着液态树脂比例增加而降低（图 4-22）。

表 4-2　典型实验配方组

类型	HMPSA-1	HMPSA-2	HMPSA-3	HMPSA-4	HMPSA-5	HMPSA-6	HMPSA-7
V-4113	30	30	30	30	30	30	30
KN-4010	10	10	10	10	10	10	10
C-100W	60	52.5	45	37.5	30	15	0
C-8010	0	7.5	15	22.5	30	45	60

注：V-4113—ExxonMobil SIS；KN-4010—克拉玛依环烷油；C-100W—扬子伊斯曼固态树脂；C-8010—扬子伊斯曼液态树脂

从热熔压敏胶的配方角度来说，增黏剂可以降低高分子体系的分子量、黏度或稀稠度。当然，如果增黏剂与使用的高分子兼容，在某一个重量比间

图 4-22　加入不同重量比例的固态与液态增黏剂的流变行为（源于上海十盛）

注：图中箭头方向为从 HMPSA-1 至 HMPSA-7。

（通常大约 40%～60%）它们通常可以增黏。如果从热熔压敏胶的流变性来探讨，兼容的增黏树脂或寡聚合物可让使用的高分子（如 SBC）弹性模量变低，配方容易变形。同时让高分子的 T_g（玻璃温度）上升，tanδ 值伴随着升高，可使配方容易永久形变及在分离时也可以让剥离的胶脚延长，因此导致整体的分离力增加。如果，T_g 能够移到预定的温度。譬如，一般用途的压敏胶 T_g 介于 0～10℃。而室温弹性模量（G'）能低于 $2 \times 10^6 \, \mathrm{dyn/cm^2}$，则该胶黏剂就会产生适当的压敏性。至于胶黏物性的高低，则要视使用的测试设备，条件与方法。通常，我们发现每种测试方法发生最高值的压敏胶配方 T_g 都不同。简单地说，每种不同的测试方法的最高值发生的 T_g，按照 Rheometrics 流变仪用 10r/s 速度扫描，T_g 分别为剥离力最大值在约 20～25℃、环形初黏力最大值在约 15～20℃，探针初黏力最大值在约 5～10℃ 等。换句话说，在相同的温度下，每一种测试方法的胶黏物性上升或下降的趋势均不同。也许是每种测试设备的真正分离速度与角度都不尽相同所致。

当然，这也和流变仪所使用的速度有关。配方者的工作，不只是要寻找测试流变仪实验条件和各种使用标准测试方法的相关性。最重要的是要明确明白客户到底要的是什么胶黏物性或破坏模式。配方者是否可以借用流变性为工具来调整配方，达到客户的要求。

至于降低 G' 和增高 T_g 的程度，需视高分子与增黏剂之间的兼容性。通常，增黏剂与高分子越兼容，则相同软化点的树脂可以让高分子的 G' 越低且 T_g 越高。因此，通过流变性的变化就可以知道增黏剂在压敏胶里的兼容性与增黏效率。即使增黏剂本身的软化点相同，如果馏分（同分异构物，isomer，的流变性不同）不同，则胶黏剂的流变性也会不同而无法获得相同的胶黏物性。若 G' 已达目标，就可以用增黏剂的分子量，或对应的软化点或 T_g 来调整胶黏剂整体的 T_g。有些人有似是而非的观念，认为软化点较低或者在室温成液状的树脂容易使高分子在室温变软。从流变学来观察，G_n^o（$\tan\delta$ 最低点所对应的 G'，或是 G' 橡胶平台的中心点，或称纠缠模量）并不会随着增黏剂软化点高低的改变而上升或下降。换句话说，增黏剂软化点或是 T_g 的高低可以上升或下降胶黏剂的 T_g，却不会影响 G_n^o 的高低。

实际中，只改变增黏剂的分子量（或是软化点）而不改变胶黏剂配方的比例时，在相同胶黏剂配方比例下，T_g 会随着使用的增黏剂软化点增加而上升。其实，只要胶黏剂所用的组分种类相同，在 T_g 相同处，即使用不同软化点的增黏剂，会在不同的比例下呈现大致相同的剥离力和初黏力。这里说明了，只要极性（或阴阳性）相同，T_g 也相同，基本上，胶黏剂会拥有相同的剥离力和初黏力。当然，它们的持黏力不会相同。严格说起来，持黏力可从高分子的纠缠分子量（M_e）来控制。如何做才能得到客户所需的胶黏物性，配方者需要视情形调整。总而言之，兼容的增黏剂可以让高分子（如 SBC）增黏，主要是它们可让兼容的高分子 G' 下降和胶黏 T_g 上升所致。如果，增黏剂的组成分不断改变（如混合 C_5），纵使它们有相同的软化点，但是与所使用的高分子有变化的兼容性，即使是相同配方的胶黏剂仍然不会有相同的胶黏物性。

美国伊士曼化学公司做了如下的研究。他们在热熔压敏胶配方中改变增黏树脂芳香烃（C_9）和脂肪烃（C_5）的比例，研究流变性的变化（表 4-3）。

表 4-3 伊士曼配方研究

增黏剂	芳香烃/%	软化点/℃
Piccotac 1095	0.5	99
Piccotac 9095	2.0	95
Piccotac 8095	5.2	95
Piccotac 7590	7.5	93
Piccotac 6095	14.8	96

实验所使用的 SIS 为 Kraton 1161，含有 15％苯乙烯和 19％两嵌段。增黏剂为表 4-3 中不同芳香烃比例的石油树脂。矿物油用含 4％芳香烃，46％环烷烃及 50％脂肪烃的环烷油，Calsol 5550。热熔压敏胶试样的比例是 SIS/增黏树脂/矿物油，100/115/15。

从 G' 图可以明显地看到随着芳香烃比例的增加，在高温区（约大于 80℃）G' 值下降。如果从 tanδ 曲线图来看，会随着芳香烃比例的增加而 tanδ＝1（温度值）下降（图 4-23）。从实际物理意义来说，耐热剪切温度（shear adhesion fail temperature，SAFT）会随着芳香烃比例的增加而降低

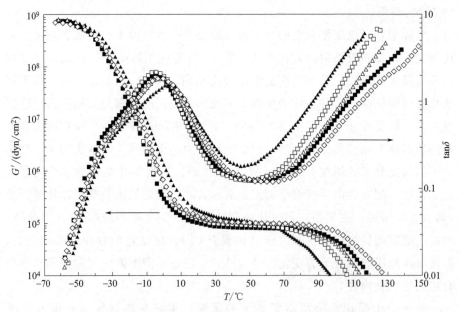

图 4-23 不同比例芳香烃的增黏树脂和 G' 及 tan δ 的相关性

◇—Piccotac 1095；■—Piccotac 9095；△—Piccotac 8095；

□—Piccotac 7590；▲—Piccotac 6095

（图 4-24）。原因是芳香烃会塑化苯乙烯塑料相。其他胶黏物性和所使用的增黏树脂的软化点或热熔压敏胶配方的玻璃化温度（T_g）有关，这些相关性在下一个章节会详细讨论。

图 4-24 不同比例芳香烃的增黏树脂和 SAFT 的相关性

◇—Piccotac 1095；■—Piccotac 9095；△—Piccotac 8095；

□—Piccotac 7590；▲—Piccotac 6095

4.3.3 补强剂

大多数 HMPSA 都是由 SBC 基苯乙烯嵌段共聚物配方而成。HMPSA 的耐高温性主要取决于物理交联苯乙烯结构域的软化点，一般在 90～110℃。SBC 必须用低分子量矿物油和各种增黏树脂进行改性或增黏才能成为 HMPSA。这些低分子量成分会降低苯乙烯结构域的内聚力，虽然黏度和软化点极大地降低了，但是 SBC 基 HMPSA 的耐热性也因此降低。为了提高 HMPSA 的耐热性，需要选择适当的芳香族烃树脂（C_9）。配方者需理解并不是每一种 C_9 树脂都可以用作增强剂，这一点很重要。具有 8.7 的溶解度参数（δ）的 α-甲基苯乙烯（AMS）是最常用于基于 SIS 的 HMPSA 的增强剂。它通常可以稍微改善 HMPSA 在其固态（在低于软化点的温度下）的内聚力。但它在软化点以上的熔融阶段可用作苯乙烯末端嵌段的固体溶剂。因此，只有高分子量的 AMS，如软化点为 140～160℃ 的 AMS 才能为HMPSA 提供良好的耐热性。由于 AMS 在 $\delta=8.7$ 的溶解度参数（δ）太接近于丁二烯（$\delta=8.4$）的溶解度参数，所以它可以用作丁二烯中间嵌段的增黏剂。而不是增强苯乙烯末端嵌段，反而可能降低物理交联苯乙烯末端嵌段的耐热性。一些具有非常宽的分子量分布的 AMS 也可以与异戊二烯（$\delta =$ 8.1）中间嵌段半兼容。类似于对 SBS 的影响，它们也可能使 SIS 基 HMP-SA 的耐热性劣化。

一种理想的增强 C_9 树脂应该与 SBC 的中间和末端嵌段不相容。它就像透明有机填料一样，正好适用于 SBC 基的分子网络，就像纸基质的上浆材料一样。C_9 树脂的尺寸（或分子量）对于此目的也是非常重要的。如果尺寸太小，则在链状网络之间只能改善最小的剪切阻力。另一方面，如果 C_9 树脂的尺寸太大而不能嵌入链状网络中，则它可能起到分子间滑动剂的作用，并且不利于降低 HMPSA 的耐热性。只有足够大的 C_9 树脂才能完美地融合到分子链状网络中，并使剪切拉伸下的变形或滑移最小化。因此，它可以有效地提高 HMPSAs 在高温下的耐热性。以下为一个典型补强剂的流变图（图 4-25）。

图 4-25　补强剂或纯单体 C_9 树脂的流变性（源于中国台湾宏盛）

4.3.4　增塑剂

增塑剂或是矿物油可以有效地大幅降低胶黏剂的硬度和熔融黏度，改善热熔压敏胶的耐低温性能，同时还可以降低胶黏剂的配方成本。SBC 基热熔压敏胶配方中常用的增塑剂有两种类型，矿物油与聚丁烯油（Poly-butene Oil）。每一种矿物油是含有不同比例链烷基（C_p）、环烷基（C_n）和芳香基（C_a）组分的混合物（图 4-26）。具有不同比例碳型重量比或溶解度参数的矿物油与所选用 SBC 有不同程度的兼容性，因此会对胶黏性造成不同程度的影响，特别是耐低温和耐高温的性能。通常含有 C_a 的矿物油，芳香基（aromatic）会与苯乙烯相互溶，明显地降低胶黏剂的耐热性，不建议使用于 SBC 中。另外，每种矿物油的玻璃化温度不同（这部分可以从各矿物油流变性的结果获得），通常 C_p 含量越大或 C_n 含量越小，玻璃化温度越低。不同来源的矿物油和相同比例的 SBC 混合后的胶黏剂玻璃化温度（T_g）会改变，也因此得不到相同的胶黏物性。建议在使用所选择的矿物油之前先了解每种矿物油的特性。矿物油的流变数据是很好的依据。不同来源的矿物油会呈现相异的流变数据（图 4-27）。通常，不同的矿物油的 T_g 大约在 SIS 的异戊二烯（isoprene）橡胶相附近（图 4-28，Shellflex 371 及 isoprene）。在配方时有时可以略微置换 SIS 和矿物油比例，调整 G' 值或黏度值，但胶黏剂仍得到类似的 T_g。另外，市场上有合成环烷油存在（如 Nepsol 200）。此矿物油具有将近 92％的环烷基。它的相容指数与 SIS 的 isoprene 相较接近。也因此它与 isoprene 向较兼容。此外，合成环烷油的玻璃化温度较高，相同比例配方混合后可得较高的胶黏剂玻璃化温度较高。还有合成环烷油的极性较其他矿油高，胶黏物性也应比较高。聚丁烯油的兼容指数非常低。因此它和多数没有加氢的 SBC 的橡胶中嵌段不太兼容。在与 SBC 混合使用时，聚丁烯油的氢化程度和分子量是两个兼容性的重要参数。氢化程度越高则极性越低，与没有加氢橡胶中嵌段的兼容性越差。分子量越低，通常，能加入较多份数的聚丁烯油于 SBC 内。以聚丁烯油取代矿物油可以大幅提高热熔压敏胶的内聚力和耐热性，特别是耐热剪切失效温度（SAFT）可以提高。从流变性来观察，以聚丁烯油取代矿物油可以大幅升高流动点（$\tan\delta=1$），同时降低 $\tan\delta_{min}$ 值。这样的情况是虽 SAFT 上升了，但是会因与橡胶中嵌段兼容性较差而渗油，且 $\tan\delta_{min}$ 值偏低而使热熔压敏胶反拨（弹性过高），因而导致将带或标签的翘边问题。

图 4-26　矿物油的结构（源于 Nynas Refinery）

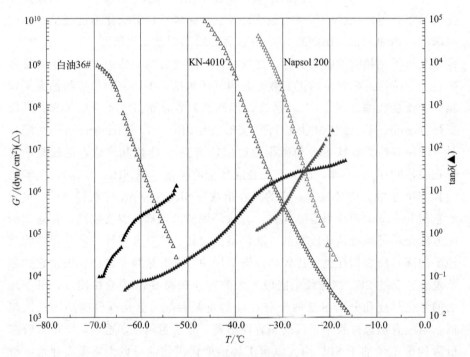

图 4-27　矿物油的流变数据

　　通常矿物油的使用量要控制在 SBC 质量的 40％之内，来防止渗油。譬如 SBC 含量是 35％，矿物油可以加入 14％。这种特性对不渗油或低渗油在纸标签的应用甚为重要。当 SBC 的分子量提高或 MI 值降低，矿物油的含量就可以增加。为了得到适当的玻璃化温度，在不加入很高矿物油含量造成渗油的情况下，通常我们可以引进较低软化点的增黏剂。但是液态增黏剂容易造成鬼影（ghosting）现象，也要特别注意。

图 4-28　SIS 和矿物油的流变数据（T_g）比较

由于室温滚球初黏性（GB/T 4852）是目前中国初黏性测试的国标。许多不明白胶黏物性和 T_g 关系的配方者为了达到室温滚球初黏性标准，只能不断地加入矿物油于配方中来降低配方的柔软度，提高球号。从表象上或标准上，相当柔软的热熔压敏胶似乎满足了市场的滚球初黏性物性要求，却会因配方中加入了过多的矿物油而造成渗油或移形的困扰。当然，与此同时也无奈地被迫降低了剥离力、环形初黏力和持黏力。为此，中国加入了环形初黏力标准方法（GB/T 31125—2014），弥补目前只使用滚球初黏性的不足。

在中国，标签用热熔压敏胶基础配方是 SIS/增黏剂/矿物油（30/50/20）。这个基础配方在应用时可能导致标签渗油或翘边。主要原因是矿物油的比例太高了，对于不同的背材及被贴表面，它们会有不同程度的移行。因而，造成标签上的热熔压敏胶本身组成分的比例不断随时间改变。严重时，在客户拿到标签时已经失黏。通常，矿物油的含量，我们会从 40% 橡胶

（或 SBC）用起，也就是说矿物油的含量是所用塑橡胶（以 SIS 为例）的 40%，确保矿物油在实验的条件下或储存期间没有影响外观，胶黏物性也没有显著的变化。当然。热塑性橡胶的分子量越大，可用的矿物油比例就越高。这还要看应用市场的要求及使用的背材及被贴表面的特性。我们都知道矿物油具有软化热塑性橡胶及降低操作黏度（或稀稠度）的功能。同时，增加矿物油的比例，又可以降低热熔压敏胶整体的成本。许多人会利用矿物油来获得上述的好处，却让矿物油在热熔压敏胶里闯了大祸而始终不明白矿物油到底在热熔压敏胶里扮演了什么角色。

实践经验告诉我们，具有相同的流变性，如果极性也相同，应该就有相同的胶黏物性，如剥离力与初黏力。从矿物油（单一成分）的流变性数据发现，没有两个油商的矿物油具有相同的流变性。或者说，矿物油本来就个混合物，它的各种碳型含量，石蜡烃、环烷烃及芳香烃多寡都会影响流变性。从 T_g 来说，常用于热熔压敏胶的矿物油的环烷烃含量越多，T_g 就越高。换句话说，相同比例的热熔压敏胶配方，使用环烷烃比例较高的矿物油的热熔压敏胶配方就会得到较高的 T_g。我们如果注意矿物油本身的 T_g，还会发现所有的矿物油的 T_g（不同比例的环烷烃）会落在 isoprene 相（橡胶相）的两边。比方说，环烷油的 T_g 在 isoprene 右边（T_g 温度较高），白蜡油的 T_g 在 isoprene 的左边（T_g 较低）。换句话说，使用不同矿物油的种类，碳型比例或品牌都会影响热熔压敏胶的最终流变性（如 T_g）或胶黏物性。每一种矿物油对橡胶相（isoprene 相）的兼容性也会影响胶黏剂 G' 的高低。环烷烃含量较高的矿物油和橡胶相（Isoprene 相）的兼容性较好，G' 可能较低些。除了热熔压敏胶的 T_g 和 G' 外，$\tan\delta$ 值最低点（G' 通常在 $\tan\delta$ 最低点的前后变化不大）和矿物油使用的多寡，变化并不大。换句话说，多加矿物油加入可以明显地软化兼容的热塑性橡胶的橡胶相及降低操作黏度（或稀稠度），却无法明显地改变 $\tan\delta$ 值最低点或热熔压敏胶的永久流动性。换句话说，如果矿物油的 T_g 与橡胶相（isoprene 相）相同，矿物油比例增加，橡胶比例减少，可以让整个热塑性橡胶变软，G' 变低，但是 T_g 和 $\tan\delta$ 值最低点基本上不变。因此，除了滚球初黏性可以明显上升外（因为混合物较软或 G' 较低），剥离力和环形初黏力（受 T_g 影响较多）也不太受影响。当然，$\tan\delta$ 值最高点（T_g 对应的高度）会受到不同比例的矿物油略有高低之分。通常，$\tan\delta$ 值越高则剥离力和初黏力越高。总而言之，矿物油的品牌与种类或碳型含量比例都会影响热熔压敏胶的胶黏物性。

以上说明可让读者了解两件事。

① 矿物油可以软化热塑性橡胶的橡胶相，同时降低整体热熔压敏胶配方的稀稠度。但是，过量加入矿物油，会有矿物油移形至面材和被贴物的现象发生。进而，造成商标渗油或翘边的不良结果。

② 矿物油的组成分与橡胶的兼容性会变化整体热熔压敏胶的流变性，进而，改变了热熔压敏胶的胶黏物性。

如何选用最适量及适当的矿物油是门大家经常忽略的学问。唯有做流变学实验方能了解矿物油在热熔压敏胶配方的作用与限制。

4.3.5　抗氧化剂

一般来说，抗氧化剂可以降低热降解对热熔胶共混物的影响，黏度变化、颜色退化、表面结皮性凝胶、胶黏物性变化。在化学品市场中有很多不同类型的抗氧化剂。基本上可以分为一次抗氧化剂，如胺（amine）与酚（hindered penols）类，和二次抗氧化剂，如硫醇（thio）与亚磷酸衍生物酯（phosphite derivatives）类。适当的抗氧化剂应该能够有效地终结在混合中的热老化、机械剪切和长期储存时环境所产生的反应性自由基，以防止或减少热熔压敏胶的裂解。每个高分子和增黏剂的配方不同时要选用不同种类和比例的抗氧化剂。

热熔压敏胶的"抗老化性能"是什么？描述"抗老化性能"最常用的术语是"热安定性"。热安定性（也称热稳定性）是指热熔压敏胶在长时间的熔融状态下，仍然能够保持不发生明显颜色、黏度或胶黏特性改变的能力。常用的试验方法是将热熔压敏胶放置于 180℃ 环境下，每隔 24h 取样一次，共经过 96h（4d）之后，对颜色、黏度和外观变化的评估。大部分的聚合物和增黏剂在老化之前都具有特定的分子结构和物性。但是，它们在 180℃ 经过 96h 的老化之后，经常会呈现不同程度的热安定性。

热熔压敏胶的热安定性会受到所选用原材料供应厂、化学结构和组成、热熔压敏胶制造厂的生产工艺（如混合机种类的选择，混合时间和温度）、熔胶机设定温度以及终端用户使用环境的影响。为了确保能获得最佳的热熔压敏胶热安定性，热熔压敏胶生产厂需要特别注意胶黏剂原材料的质量和整体生产工艺条件。即使是完全相同的热熔压敏胶配方，通过不同的混合系统所制造出来的产品，可能在热安定性、胶黏性能和耐热性上都有明显的差异。例如，在生产过程中以氮气保护或抽真空所生产出来的成品，只有很少部分的胶黏剂会受到氧化，因此会呈现出较好的热安定性。反之，即使是相同的配方，在没有氮气保护或抽真空的开放系统中制造时，所得到的热安定性可能会较差，且批次之间的差异性也可能较大。

　　同样，热熔压敏胶的终端使用者也需要对热熔压敏胶熔胶系统的温度设定、使用速度以及与氧气或空气接触等问题特别留意。通常，热熔压敏胶在涂胶之前必须先在170℃的高温下熔融成为流体。热熔压敏胶在特定高温下停留的时间主要由熔胶槽尺寸大小和进出胶料的速度决定。为了模拟最坏的老化条件，热安定性的试验通常要在180℃与空气接触且没有搅拌的情况下进行96h。

　　使用封闭式或通入氮气的熔胶系统，将胶黏剂在熔胶槽中熔融并通过狭缝形口模挤出或喷胶系统涂胶时，胶黏剂可以呈现出较好的耐热性，且能在较长的时间里保持稳定的性能和热安定性。这是因为在高温下的加工过程中，绝大部分的胶黏剂并没有和空气接触，只有在熔胶表层极少量的胶黏剂会与空气发生氧化。然而，透过辊轮式涂布机上胶时，因为热熔压敏胶一直都与空气接触，会呈现出较差的安定性。

　　在比较各种热熔压敏胶的热安定性时，除了作业环境外，我们还要考虑材料的分子结构。饱和（或氢化）或极性较低的材料通常会呈现出较好的耐热性。因为要打开单键（σ-键）和已经被氢化的双键（π-键）需要非常高的温度。而聚合物和增黏剂的不饱和双键则较容易打开，可以在170℃以上的高温和剪切作用下产生自由基（R·）。自由基一经形成，就会自发地被周围空气中的氧气所氧化，形成不稳定的过氧化物自由基（ROO·）。这些过氧化物自由基会立即与未反应的碳氢化合物反应，夺去质子形成氢过氧化物（ROOH）。ROOH进一步分裂成两个不稳定的反应性物种，即RO·和HO·。这两个自由基又会与两个未反应过的碳氢化合物反应，夺去质子而形成稳定的水（H_2O）和醇（ROH），却同时再生成另外两个新的自由基（R·）持续进行新的一轮氧化循环。整个氧化循环圈如图4-29中所示。通过这种连锁式的循环圈，只要有一个自由基被引发，就会在很短的时间内又产生三个自由基，同时会持续进行同样无休止的氧化循环圈。通过添加适当的抗氧化剂，可以尽量减少这种我们不乐见的老化现象。胺和酚类的抗氧化剂（称之为一次抗氧化剂）可以提供R·、RO·和HO·一个质子（H），将它们转变成稳定的RH、ROH和H_2O。亚磷酸酯和硫醇类的抗氧化剂（称之为二次抗氧化剂）则可以从ROOH夺去一个氧原子，将其转化为稳定的ROH。

在低于 170℃的熔胶温度下，热熔压敏胶通常不会产生自由基，因此它们不会被氧化。松香、松香酯和大部分松香衍生物等天然树脂都含有一定比例游离酸基团（用酸值表示）和不饱和双键。这些天然增黏剂很不稳定，在接触水或氧气时，即使在室温下也很容易产生水解和氧化的现象。因此，在处理含有这类不稳定成分的热熔压敏胶时要特别地注意。

总之，热熔压敏胶"抗老化性能"或热安定性的好坏取决于下列几个因素：胶黏剂生产商所使用材料的质量、生产热熔压敏胶时的混合条件与方法、涂布系统与融胶和涂胶温度的设定以及最终用户的产品储存方式和时间。

图 4-29 碳氢化合物的氧化循环圈（源于 Ciba-Geigy）

4.4 热熔压敏胶的生产工艺

热熔压敏胶大都是由 SBC、增黏剂、矿物油、少量抗氧化剂和其他一些特殊添加剂组成的混合物（固体溶液）。这些特殊添加剂有填料和着色剂，在必要时才会被加入热熔压敏胶内。热熔压敏胶的成分大部分都是热塑性材料，需要在加热的条件下才能混合在一起。图 4-30 为热熔压敏胶混合过程的示意图。

混合热熔压敏胶时，有很多不同类型的混合机可供使用。以下为三种最常使用的生产设备。

图 4-30　热熔压敏胶混合过程的示意图（源于上海十盛）

4.4.1　立式混合机

　　这是生产热熔压敏胶比较经济的工艺。以这类混合机来生产热熔压敏胶时，通常先将抗氧化剂和低分子量成分，如矿物油和增黏剂，投入混合槽内加热熔融。增黏剂在其软化点之下有受热凝聚成团的倾向，因此需要分几次慢慢投入混合槽。当增黏剂完全溶解于矿物油之后再分数次慢慢加入 SBC。如果投料速度过快，会造成混合物的温度偏低而凝聚成团。它所产生的高扭矩可能会损坏搅拌器。简言之，一般的投料顺序依次为：①矿物油和抗氧化剂；②增黏剂；③SBC。

　　一个良好的立式混合机应该具备以下几个特点：①混合容器的夹套间有良好的热油循环设计，能够提供快速的热交换效应；②适当的搅拌头配置可以提高混合的效率，同时减少混合的时间；③带有刮片的锚形搅拌叶能将粘于混合容器桶壁和底部的混合物及时刮除，增进热交换速度并减少碳化的现象；④具备抽真空的装置，以防止混合过程中原材料被空气氧化，同时可以移除混合物或产品中的气泡。为了降低最后的混合温度，作业者通常会保留部分的增黏剂在均匀混合最后才加入。

　　图 4-31 为一个典型的立式混合机。此类混合机具有三组搅拌轴，分别为：①锚形搅拌叶（anchor），可用来刮边、刮底，同时做顺时针或逆时针方向的搅拌；②圆盘状分散器（disperser），在切割较大颗粒的原材料后将它们从分散器上层带往下层，形成一个由上往下的纵向混合涡流，视混合机容体大小，分散机转速高达 1000～3000r/min；③乳化机（emulsifier 或称

均质器）。此装置内有一个高速转子（转速高达 1000～3000r/min），可以将经过分散机切割成较小的原材料从乳化机的下层吸入，再以高速转子将原材料切割成为微细粒子从乳化机的狭缝中释出。图 4-31 右图是一台实验室的机器，配方研究者可以先在实验室做出小量配方，等配方确定后再大量生产。

图 4-31　美国 ROSS 公司的 PVM 系列混合机（源于无锡罗斯设备）

4.4.2　卧式混合机

　　这种类型的混合机通常会同时配备一套方便热熔压敏胶出料的押出机。因此，又被称为混合-押出机（mixtruder）。卧式混合机的混合顺序大致上和立式混合机相反。一般来说，投料的顺序依次为：①SBC 和抗氧化剂（亦可以先加入少量的矿物油或增黏剂）；②增黏剂；③矿物油。卧式混合机生产热熔压敏胶的速度通常会比立式混合机更快。这是因为卧式混合机的热交换速度较快、剪切扭矩较高的缘故。另外，卧式混合机的重型转子可以用来生产黏度较高的产品。在此需要特别指出的一个重点是：在投料过程中，增黏剂必须逐份缓慢地加入 SBC 内才能获得适当的混炼效果。如果增黏剂的投料速度过快，部分熔融后的增黏剂会产生类似润滑剂的作用，将大幅度降低转子的剪切效率，反而得不到良好的混合效果。因为卧式混合机的混合顺序是从 SBC 开始的，除非能在较低温度混合，如低于 170℃。如果混合槽内没有填充氮气，SBC 在高温，如高于 170℃ 的情况下就很容易被周围的空气或氧气瞬间氧化。SIS 有断链倾向而 SBS 则有键结倾向。图 4-32 为代表性的捏合机。

图 4-32　代表性的捏合机（源于 Unique Mixers）

4.4.3　螺杆挤出机

　　螺杆挤出机的产速很快，较适合用于大量生产单一配方的场合。国际上，有许多大型热熔压敏胶胶带厂将螺杆挤出机安装在胶带涂布线前方，直接在涂布线生产热熔压敏胶，立刻涂布并分条、剪切成胶带。螺杆大致上分为三种：单螺杆、双螺杆和往复式螺杆。一套完整的螺杆制胶系统应该包含自动计量进料装置、混合螺杆、在线质量检验装置、过滤装置和真空脱泡装置。国际上使用螺杆制造热熔压敏胶的工厂多集中在德国、意大利和美国等地，中国台湾地区也有两套生产 OPP 胶带的螺杆制胶系统（3M 与万州化学）。在中国，目前有许多公司已将自主研发的螺杆系统量产热熔压敏胶用于胶带、商标纸等较大用量的市场。图 4-33 为代表性螺杆制胶系统。

　　综上所述，各种混合机的优点如下。

　　① 立式混合机在混合期间很容易抽真空。用这种工艺生产的热熔压敏胶通常具有较佳的耐老化性能。原材料的投料顺序较灵活。使用立式混合机生产热熔压敏胶时，并不需要非常熟练的操作员。

图 4-33　代表性螺杆制胶系统（源于意大利 Maris）

② 卧式混合机的高扭矩适合生产高黏度产品。热交换速度较快，因此混合时间较短。

③ 螺杆生产的速度最快，适合大量生产，因此所生产的成品质量最稳定，不容易经时老化。

各种混合机的缺点如下：

① 立式混合机由于剪切扭矩比较低，生产高黏度的产品时较为困难。热交换速度较慢，混合时间比螺杆和卧式混合机相对较长。

② 卧式混合机的投料顺序和时间相当讲究，需要熟练的作业员来操作。混合中如果不能降低温度或没有氮气保护，产品容易被氧化。

③ 螺杆挤出机的设备成本和技术含量较高。生产配方和整体制胶工艺条件的搭配相当讲究。不适合用来生产少量多样的热熔压敏胶产品。

4.4.4　混合时间效应

不管用什么设备生产热熔压敏胶，混合时间越长，特别是立式和卧式混合方式，胶的熔融黏度、剪切力和 SAFT 会降低。但是，热熔压敏胶的剥离力和初黏力变化不明显。真空与非真空生产亦有很明显的差异。这些行为的变化程度可以从流变性的变化来侦测。配方者亦可发现不同的原料来源或批次，用相同的混合方式与条件，可能得到不同的胶黏物性。这和混合机的混合效率与原料的质量有密切的关系。

以下为不同来源的 SIS 在不同的混合时间（120min、160min、200min、240min）下流变性的变化。基本上，T_g 并不会随着混合时间的延长而改变。也因此剥离力和初黏力变化不明显。但是在橡胶平台区，tanδ 会随着混合时间的延长而上升，G' 随着混合时间的延长而下降。通常，在不同的混合时间下会有不同的服帖性。在高温区，随着混合时间的延长，tanδ 会上升，G' 则会下降。或是 tanδ＝1 的流动点会降低。这种现象也会发生在不同来源的 SIS（B）上。我们只可以说 SIS（A）的流变性对时间比 SIS（B）不敏感或质量比较稳定。或者说 SIS（A）对的物性混合时间的长短比较稳定。

这种现象也会发生在真空制造的过程。不过，如能在真空条件下制造。SIS 配方的流变性变化程度就很不明显。而相同的配方在非真空的条件下制造，则会有很明显的流变性变化。SIS 的高分子键断裂可以透过过高的温度，机械剪切和紫外线照射形成。如能善用混合设备的真空装置和有效率的快速（缩短混合时间）混合，就可以减少 SIS 的键断裂而保持配方该有的胶黏性能。

SIS 基热熔压敏胶的胶黏物性或流变性变化和混合时间有很明显的关系。通常，混合时间越长，则热熔压敏胶的服帖性越好，耐热性越差，但是剥离力和初黏力的变化不明显，这些变化都可以从流变性的变化预知。另外，也可以从流变性的变化程度来了解不同厂家制造的 SIS 对混合时间的敏感性。最后，我们也可以从流变性的变化来了解真空与非真空生产 SIS 基热熔压敏胶的明显差异。

4.5 热熔压敏胶的质量控制

大部分热熔压敏胶制成品的外表看起来都很相似，要用眼睛来区分质量或物性稳定的热熔压敏胶产品却相当不容易。几乎每一个热熔压敏胶配方中所使用的原材料与供货商出厂时的实际规格都和期望的目标规格有些差距。换句话说，热熔压敏胶制造厂所取得的原材料始终存在着批次间的物性差异。譬如：SBC 中的苯乙烯塑料相和橡胶相（styrene/rubber）比例、两嵌段和三嵌段（di-block/tri-block）比例、分子量（M_w）、分子量分布（MWD）、乙烯基（vinyl）旁链比例等；增黏剂中同分异构体（isomer）或各馏分（feedstock）的比例和分子量；矿物油中石蜡烃（C_p）和环烷烃

（C_n）的比例和分子量。是物质本质或合成方式造成批次间的差异有待合成者去发现与改善。

典型的热熔压敏胶是由 SBC、增黏剂、矿物油和少量抗氧化剂组成。在选取个别原材料时，除了价格和颜色的考虑外，还要特别注意各成分之间的兼容性。图 4-34 为一张常用分子结构溶解度参数的参考坐标图。热熔压敏胶中每一个组分的化学分子链结构都会对应着某一个特定的溶解度参数（solubility parameter）。例如 SBC 中 isoprene（I）是 8.1，butadiene（B）是 8.4，ethylene-butylene（EB）是 7.9。当所选取的成分具有相近的溶解度参数时，混合物就会呈现较佳的透明性和胶黏物性，同时也会提供较稳定的经时热老化性。反之，混合物会出现半透明状甚至于不透明的外观。这种不兼容的体系除了会影响胶黏物性外，还会加速经时热老化。通常，兼容指数差异在 0.5 之内就可以获得较兼容或者较透明的混合产品。如果基于某种原因一定要混合相差超过 0.5 兼容指数的两个产品，可以考虑加入一介于两差异较大兼容指数之间的产品（兼容指数与两者均相差在 0.5 之内），使两产品的兼容性增加，透明性及热安定性也因此可以提高。热熔压敏胶通常以 SIS 为基础，C_5、DCPD（双环戊二烯）、C_5/C_9、C_9/DCPD 及加氢物、萜烯及松香衍生物等增黏剂和矿物油共同组成。

图 4-34　溶解度参数坐标图（源于 Arizona Chemical）

如前所说，热熔压敏胶的生产过程中没有涉及任何化学反应，仅是不同组分之间的物理性混合。每一个组分的个别质量都会明显地影响最终热熔压敏胶制成品的质量。如果热熔压敏胶生产厂能够明白各供货商所提供原材料个别批次 COA（质量分析报告）中所提供数据的真实意义时，或许会开始对所收到原材料批次间的显著差异程度感到惊讶。例如，某一牌号的 SBC 在 190℃的 MFR（熔体流动速率）代表值是 8.0。通常，供货商所提供某批次经过混合后 COA 的 MFR 通常都会介于 5.0～11.0 的达标范围内。如果热熔压敏胶制造厂恰巧同时收到了 MFR 分别为 5.0 和 11.0 两个 SBC 批次，在生产配方比例没有调整的情况下，所生产出来两批热熔压敏胶成品的熔融黏度或某些胶黏物性（特别是持黏性和 SAFT）会呈现巨大的差异而无法达到该特定配方本身的出厂指标（比方说是±15％内）。在高分子混合工艺中，通常我们可接受的物性偏离范围大约是±15％。这里包括了机械及人为误差。譬如在 170℃的代表性黏度值是 10000mPa·s 时，可接受的黏度指标范围是 8500mPa·s 到 11500mPa·s。或许热熔压敏胶的制造厂可以不断地将制成品的物性规格放宽来保护自己，或者隐瞒真相不让下游厂商知道，而让所有制成品都能达标而照常出厂。但是，这些产品真的能被市场接受而不出问题吗？如果不行，热熔压敏胶的制造厂能够向原材料供货商投诉或索赔吗？答案是否定的。因为，这些出厂的原材料规格都在设定的指标范围之内。更何况许多 SBC 已经在制造线内经过多批次的物理性混合来减小批次间的差异性。所以，想以规格范围相对较宽的原材料来获得批次间质量稳定或物性差异小的热熔压敏胶产品是一件相当困难的工作。

因此，想要提供质量稳定的热熔压敏胶产品，成为下游客户可以长期依赖的热熔压敏胶产品供货商，除了需要通过严格的产品检验工作来发现问题外，还要有能力解决原材料供货商的问题。以下为可保障能生产质量稳定热熔压敏胶的两点建议。

① 始终要购买规格指数非常相近的原材料。通常这些原材料会比较昂贵或者取得不易。例如，热熔压敏胶的制造厂可以要求 SBC 供货商只能提供 MFR 偏差值小于 0.5 的批次（前提是混合前的 SBC 都在指标的范围内）。如此，制成品批次之间的物性差异就会明显降低。

② 如果原材料供货商由于合成技术的限制而无法提供指标接近的产品；那么，热熔压敏胶的制造厂本身就应具备在不牺牲客户所要求的重要性能和作业性的前提下，自行做出机动性配方调整的方案。例如，当所收到 SBC 的 MFR 值偏高，也就是说分子量低于代表性的规格指标时，配方人员可以

权宜地增加少量的 SBC，同时减少少量的矿物油，使熔融黏度能回到所设定的出厂熔融黏度目标范围内。前提是 SBC 与所使用矿物油需有相似的玻璃化转变温度。反之，如果 SBC 的 *MFR* 值低于代表性的规格指标时，配方人员则可以适量减少 SBC 的用量，同时多加一些矿物油。当然，除了上面的简单建议方法之外，还可以通过选用不同分子结构的增黏剂或矿物油来搭配调整。重点是，在不损失最终客户需求的胶黏性能和作业性的前提下，将物性规格调回指标范围之内。虽然这是一项高技术、高管理含量且相当繁琐的工作，但是，对于所有想追求质量和物性稳定的热熔压敏胶制造厂来说，这种权宜性调整配方的能力是一项不可或缺的技术。简单地说，每一个批次的热熔压敏胶配方都是可改变的，只要终端使用客户的作业及所需胶黏物性不改变即可。

4.6 热熔压敏胶的包装

热熔压敏胶是一种在室温具有永久性表面黏性或永久开放时间的热熔胶。因此，热熔压敏胶的包装较一般的塑橡胶或没有表面黏性的热熔胶困难。不论以立式、卧式混合机或螺杆生产的热熔压敏胶，当熔融态的热熔压敏胶从混合设备泄出或挤出时，必须通过各种方式进行冷却和包装。市场上常见的包装方式如下。

（1）块状包装　这是最常见的包装方式。泄胶时，熔融态的热熔压敏胶直接被分装于预先折叠成盒状，涂有高耐热性的离型纸或膜上。这些离型纸或膜需要搭配一个可承受热熔压敏胶重量和热度的硬质金属、塑料或纸板容器。也有工厂会直接将热熔压敏胶泄胶于涂有特氟龙或硅胶的金属硬盘中。等待热熔压敏胶冷却之后将其剥离金属盘，直接或经过切成小块后再以离型纸或膜包装。常见的包装质量大约是每块 500g～10kg。

（2）桶状包装　当用胶量较大或需要较快的熔胶速度时可以考虑将熔融态的热熔压敏胶直接泄入内部涂有硅胶防粘层的上开盖式 55 加仑纸桶或涂有环氧树脂的金属桶内（图 4-35）。在泄胶于桶内时，胶面和桶顶盖之间必须保留大约 15～20cm 的距离不装胶。每桶的包装质量大约 150～200kg。使用桶状包装必须搭配桶状的熔胶系统。这种熔胶系统是以一个带有鳍状加热装置的圆盘，直接植入桶内保留没有装胶的空间。圆盘将胶面加热熔解的同时往下压，将已经熔解的热熔压敏胶通过齿轮帮助将胶打入喉管和后段的涂胶设备内。

图 4-35　桶状包装热熔压敏胶（源于新日成）

（3）枕头（pillow）或香肠（sausage）状包装　枕头或香肠状包装是在热熔压敏胶的表面包覆一层没有黏性的超薄塑料膜。在上述块状包装的热熔压敏胶表面则有一张可分离的离型纸或膜。当热熔压敏胶表面具有非常高的黏性时，要剥离离型纸或膜相当耗时且不容易。而被剥除的离型纸或膜是一个不容易处理的环保废弃物。因此，在许多需要经常快速补充胶块的上胶线，如纸尿裤和卫生巾生产线，多数操作员都期望能减少剥除包装材料的时间和困扰。枕头或香肠状包装的设计概念刚好满足了此应用市场生产线的需求。枕头或香肠状包装在市场上有两种常见的包装系统（图 4-36）。Fargo包装机是将熔融热熔压敏胶和塑料包覆材经过共挤出模头在高温时直接包覆。包覆后的产品先以周期性模压机将胶条压线分成小段后进入水道冷却。当胶条冷却之后，先以风吹干胶条，再将胶条上的每一小段枕头或香肠状的热熔压敏胶以不等速的两个转轮扯断胶条而获得单一的枕头或香肠胶。Kaiser包装机则是将熔融热熔压敏胶直接灌入已经预先成型，以 PE/EVA 共混的塑料带内，封口后，直接将包装好的枕头胶块投进入冰水道中冷却。冷却之后形成表面没有黏性的单一枕头或香肠状胶块。

站在热熔压敏胶配方者的立场，与热熔压敏胶略为兼容的包覆材容易在储存期间产生黏性，会影响已包覆胶块的剥离。如果包覆材与热熔压敏胶不兼容，固然可以获得不黏的表面，但是，这些与热熔压敏胶配方不相容且密度不同的包覆材在慢速涂胶时容易聚集成为胶膜，在热熔压敏胶配方中自己独立成为区块，会影响胶黏性及老化性。如何取得最适当的包覆材给每一个热熔压敏胶配方是这个行业的主要课题。

Fargo：共挤包覆　　　　　　　　　Kaiser：塑料

每块：30～80g　　　　　　　　　　每块：250～2500g

包覆材：Fargo专利材料　　　　　　包覆材：PE/EVA(50μm)

图 4-36　枕头或香肠状包装设备比较（源于 Fargo，Kaiser）

　　不论以哪种方式来包装热熔压敏胶都有其优缺点。生产者和使用者都需要衡量实际用胶量和熔胶速度，选择最适当且最经济的包装方式。

4.7　热熔压敏胶的应用设备

　　热熔压敏胶在室温储存时是一种具有弹性和高表面黏性的热塑性固体。所有热熔压敏胶的辊、喷、涂应用装置必须和一个可加温的熔胶设备搭配使用。绝大多数的熔胶设备，除了容积大小有差异外，都需要靠熔胶罐（箱）周围的电热片来提供能量和控制温度。市场上，熔胶机可装填热熔压敏胶的容量从最小的几十克到上千英磅都存在。当热熔压敏胶被熔解之后，这些熔胶机可以利用空气压力（如保压机）、螺杆、汽缸或齿轮泵将熔融的热熔胶送往滚轮机的胶槽、刮涂机的涂头或喷胶机的喷嘴。热熔压敏胶使用者应注意许多热熔胶熔胶机所造成的脉冲是否影响涂布的稳定性。

　　图 4-37 为 Nordson 公司所提供热熔胶较常见的几种应用方式。按照图示从左到右分别简单说明如下。

　　（1）网版涂胶　熔融的热熔压敏胶被输送到一个转动的圆桶内，以刮板将胶从圆桶内壁通过一个钢网往外刮出预先设计好的图样。这种涂胶方式主

图 4-37　热熔压敏胶喷涂方式示意图（源于 Nordson）

要用于需要特定图形的应用场合。热熔压敏胶只涂在需要胶的位置，可大量节省用胶量。如同一般网板印刷的功能。

（2）发泡涂胶　在某些特殊应用场合，为了获得缓冲或减震的功能，同时减少胶的使用量，可以利用一个特殊的可发泡熔胶机先在熔融的热熔压敏胶内以机械方式混入氮气，形成充气的热熔压敏胶。再通过喷嘴将已经机械发泡过的热熔压敏胶涂在工件上。发泡涂胶工艺已经被广泛应用在汽车配件的组合上来取代传统的橡胶垫片。

（3）螺旋喷胶　这是一种最常见的喷胶方式。借由外加的空气压力将热熔压敏胶从喷嘴内具有微细喷孔的喷片内喷出规则的螺旋状胶丝。以这种方式上胶可以大幅降低单位面积上的用胶量。纸尿裤和卫生巾的结构胶大多数是用螺旋喷胶方式上胶。

（4）平面口模刮涂　这是一种较常见的刮涂方式。熔融的热熔压敏胶经过加热的喉管后，被平均分配在口模内的导流道，再从可预先设定胶膜厚度和宽度的口模唇口被挤出。大部分工业用热熔压敏胶胶带和标签都是使用口模刮涂的工艺涂胶。

（5）点状上胶　当两被贴物只需要部分位置被结合时，点状上胶是一个相当经济且快速的简单工艺。点状上胶普遍用在折叠纸盒或纸板的结合。

（6）条状上胶　类似于点状上胶，此工艺可用于两被贴物只需要以条状方式结合时。常见的应用有塑料盒边缘，如 PET 窗帘盒、酒瓶盒和化妆品盒的边缘接合。

（7）淋幕式喷胶　当被涂物因为耐热性不足（如 PE 膜）或工件表面不平整，却需要获得满涂的上胶面积时，非接触式（悬空）淋幕式喷胶可以提供一个类似接触式口模刮涂的效果。

除了图 4-37 中的 7 种上胶方式外，还有许多喷胶或涂布方式，其中一种常见的喷胶方式是纤维状喷胶（图 4-38）。它的喷胶工艺基本上和螺旋喷胶相当类似。只是所喷出来的胶丝形状并不规则。单位面积所喷出的胶量比螺旋喷胶方式更低。最常见的应用市场是一次性使用的卫材，如一次性床垫、手术衣、帽、鞋套等（图 4-39）。另外，有许多小型辊涂机和喷胶机也被广泛运用于需要在单片工件上满涂或局部上胶的应用（图 4-40）。代表性市场有运动鞋和安全帽等。

图 4-38　代表性的口膜涂胶系统（源于新日成）

图 4-39　一次性使用的卫材

图 4-40 小型辊涂机和喷胶机（源于甲宇）

第5章
热熔压敏胶的检测方法

热熔压敏胶的检测方法及设备很多。要完整成立一个热熔压敏胶研究单位至少要有下列的仪器及设备。

仪器：流变仪——测量物质或热熔压敏胶的黏弹性

设备：

① 小型（实验室）制胶设备——制备热熔压敏胶样品

② 旋转黏度计——测量热熔压敏胶黏度或稠度

③ 软化点测试器——测量热熔压敏胶的软化点

④ 拉力（剥离力）机——测量热熔压敏胶在不同速度、温度和角度的剥离物性

⑤ 初黏性测试机——测量热熔压敏胶的初黏性

⑥ 持黏力测试机（程序控温烘箱）——测量热熔压敏胶的持黏力（室温与高温）与热剪切失效温度

⑦ 其他附属配备

以下会有较详细的解说及图片说明每一个仪器及设备的功能与测试方法。

本章要特别说明的是客户实际面对的厚度、速度、时间、温度与角度等可能与实验室的标准条件不尽相同。如何运用标准测试的结果，按照个别客户的实际要求进行配方微调，提供适当的压敏胶配方来满足个别客户的实际需要才是标准方法的真正意义。

5.1　热熔压敏胶实验室需要的检测设备

热熔压敏胶所需要的性能要求比 EVA（ethylene vinyl-acetate，乙烯-醋

酸乙酯）和 APO（amorphous poly-olefin，聚烯烃）基的热熔胶更为复杂。除了黏度或稠度（viscosity）和软化点这些基本物理性能外，还需要检测某些压敏胶黏性能。然而，绝大多数的胶黏物性测试设备虽然可以直观地呈现出以不同几何形状和特定试验条件下所获得的特定数值，却无法通过这些数据为配方设计人员或胶黏剂科学家提供明确的方向，来发展应用市场上真正需要的产品。因此，在需要发展新的或变换旧的热熔压敏胶配方时，除了流变仪外，试误（trial and error）仍然是多数配方发展者最常用的方法。在过去的一段时间里，许多热熔压敏胶的研究发展者不断通过流变仪所获得的流变性质或黏弹性数据，将热熔压敏胶所使用的个别组分的分子量、分子量分布、体积分数、分子链刚性、旁链等分子结构等和剥离力、初黏性、持黏力、SAFT 等胶黏性能的相关性结合在一起。虽然并没有明确测出实际的基本和胶黏物性数据，物质或原物料及热熔压敏胶之间的差异性和它们与实际物性的相关性都很容易看出来。

以下是热熔压敏胶物性测试的实验室所需要具备的全套基本仪器设备简介。个别的测试方法将作进一步的说明。

5.1.1　试样准备设备

（1）热熔实验室涂布机和贴合机——制备试样（图 5-1）涂布机和贴合机须有下列特性：涂布厚度均匀、温度控制稳定、可调涂布速度、可调贴合压力、操作、清理与维护容易及用胶量少。

图 5-1　AS HMC-1000G2 热熔涂布/贴合机（Adhesive Source 产品）

（2）配件（图 5-2）

① 标准试验钢板——作为各种胶黏试验的标准被贴物。标准钢板有许多尺寸，用于环形初黏力试验的标准钢板是 $2''×5''$，用于持黏力试验是 $2''×3''$，用于剥离力试验所使用的主要是 $2''×6''$。PSTC 测试标准钢板表面粗糙度规格：2(1～3Micron)。钢板表面粗糙度会影响接着物性。因此，当钢板表面有刮痕后需要更换。另外，钢板表面的粗糙度也会显著影响胶黏物性。钢板清洗建议步骤如下：无尘纸沾溶剂→无尘纸沾非溶剂→无尘纸不沾溶剂（共擦拭三次）。因为溶剂取得不易，可将钢板上的残留胶黏剂先以胶带（如美纹纸胶带）粘贴移除，再以无尘纸沾非溶剂清洁钢板。

图 5-2　配件（源于 ChemInstruments）

② 压辊——将试样贴合在标准试验钢板上。滚轮有一定的规格：质量为 4.5lb 或 10lb（中国国标 2000g±50g）；硬度为 Shore A 80°±5°硅橡胶包覆；宽度为 1.75in（1in＝2.54cm）。压合标准条件：试片压合速度为 60cm/min；试片压合次数：往返两次。缺点是压力控制不易及速度控制不易。

③ 裁样刀和砝码。可用其他方式裁样。

5.1.2　胶黏性能检测设备

每一热熔压敏胶样品可能都要在涂布后经过不同的方法来测试胶黏性

能。然而，标准的压辊（4.5lb），往往并非真实世界的压合质量。换句话说，有些用途需要压敏胶黏剂与被贴物较大的压合质量，而其他用途可能就需要较小的压合质量。

为此，如何改变压合质量是热熔压敏胶业者的一个重要课题。为了解决这个问题，多功能压合仪 MRD-1000（图 5-3）因此诞生。它的操作范围：压合速度：$150\sim1200$mm/min，压合温度：$-10\sim80℃$，压合质量：$0\sim10$kg（±25g），和压合来回次数：$1\sim\infty$。涵盖了大部分的压合条件。

图 5-3　多功能压合仪 MRD-1000（Adhesive Source 产品）

在不同的压合质量、温度、速度及来回次数下，各种压敏胶的剥离力表现并不完全相同。以下只是代表性的几个例子（图 5-4～图 5-6）。

图 5-4　剥离力和压合质量关系

图 5-5　剥离力和压合温度关系

图 5-6　剥离力和压合来回次数关系

基本上，当压敏胶的 G' 值在压合的条件下大于一大气压（约 $1 \times 10^6 \mathrm{dyn/cm^2}$）时，欲压合的式样与外加的重量有较明显的关系。反之，当 G' 值在压合的条件下小于一大气压时，式样与外加的重量的关系不太明显。

（1）初黏力试验机　测定没有额外压力情况下，仅靠自身的重量的初黏性（图 5-7）。

（2）剥离试验机　检测各种条件下的剥离力，这些条件有停留时间、角度、速度、温度、厚度等（图 5-8）。

（3）持黏力试验机　测量试样片在一定剪切面积、不同负荷下的失效时间（图 5-9）。

图 5-7　环形初黏力试验机（ChemInstruments 产品）

图 5-8　AS MPT-2000 多功能剥离力试验机（Adhesive Source 产品）

图 5-9　室温持黏力试验机（ChemInstruments 产品）

（4）剪切胶黏失效温度程序控温烘箱　测定试样在恒定升温速度（一般为 2～3℃/min）下的失效温度（图 5-10）。

图 5-10　SAFT 烘箱（ChemInstruments 产品）

（5）热风循环烘箱　进行高温持黏力和样品老化试验。

5.1.3　黏弹性检测设备

可使用流变仪检测热熔压敏胶在各种扫描条件下的黏弹性，这些条件包括：应变、时间、频率、温度等（图 5-11）。

图 5-11　Rheometrics ARES 应变控制流变仪（Rheometrics 产品）

5.1.4　实验室制样设备

（1）实验室热熔混合机　制备少量实验室试样（图 5-12）。

图 5-12　ROSS 实验室热熔混合机（罗斯产品）

　　（2）中试热熔混合机（可选项，建议配置）　制备提供客户上线检测的试样。

　　从 20 世纪 80 年代以来，流变学已经成为一种非常实用的配方工具，研究开发人员可以利用流变仪这种工具精确且可再现地测定热熔压敏胶的黏弹性。此外，配方设计人员也可以将所测出的流变量值与物质的物理性质和胶黏性能关联起来。如果能够预先精确锁定某种应用市场热熔压敏胶流变参数窗口或目标黏弹性数值，这时流变仪就成为一种非常有力的工具，如时下常使用的 GPS（global positioning system）一样，可以准确指导配方设计人员修改配方，将黏弹性移入目标窗口内。要检测热熔压敏胶的黏弹性，流变仪或动态力学分析仪是热熔压敏胶实验室不可或缺的重要设备。

　　近年来，有一种方法是根据统计法则来推断配方最佳组合。这种方法通常被称为"DOX"（实验设计）。配方设计人员可以利用这种统计法则将个别胶黏物性的等高曲线交集，寻找最佳性能组合的配方比例。然而，DOX 无法深入了解聚合物材料的复杂性质、分子间/分子内的兼容性和网络、胶黏的机理以及破坏的机制，所以只能说是另一种比较科学的试误方法。实际上，要用这种方法来寻找所需热熔压敏胶最佳组成极其耗时也不够精确。

5.2　热熔压敏胶的颜色和透明性

生产商有时要配合市场的需求而生产透明性较佳或具有特殊颜色的热熔胶。颜色是从哪里来的呢？为什么有些胶黏剂会比其他的胶黏剂更透明呢？颜色和透明性意味着质量高低吗？为什么大部分的客户都喜欢浅色和透明的胶黏剂呢？

在我们所处宇宙中的任何材料，其中的电子受到特定能量激发时会发射出不同波长的光，而显示出不同的颜色。通过人的眼睛或仪器可以观察到这些颜色。当热熔压敏胶的组成中含有较高极性官能团和/或双键或三键时，就容易产生较深的颜色。因此，当热熔压敏胶配方中含有未经氢化的合成树脂和天然松香以及萜烯衍生物等极性较高的原料时，通常会比含有氢化成分配方的颜色要深。另一种产生特定颜色的方法是在热熔压敏胶中加入具有颜色的填料，如有机染料或无机颜料。二氧化钛（TiO_2）、氧化锌（ZnO）和炭黑是生产白色和黑色热熔压敏胶最常使用的典型颜料。

如果热熔压敏胶配方中所使用的各原料间的兼容性非常好，即具有相似的溶解度参数，不管它们颜色的深浅，所配出的产品都会是较透明的。相反，对于兼容性较差和不兼容的胶黏剂配方来说，纵使原物料本身是透明的，混合配方的外观则是浑浊或不透明的。图 4-34 中列出了热熔压敏胶中所使用主要原料的溶解度参数。从图左边到右边分别列出极性低到极性高的各种原材料。如果配方发展者想配出较透明的热熔压敏胶成品，在选定高分子之后（上层），就需要搭配选用和该高分子具有相似溶解度参数的增黏剂或其他添加剂（下层）。这里特别加入 SEPS（EP 相，溶解度参数为 7.8～7.9）和矿物油（溶解度参数为 6.6～7.7），环烷烃比例越高则溶解度参数越大。

在很多应用场合里，颜色和透明性可能并不是一个需考虑的问题。然而，浑浊或不透明配方产品的热安定性通常比透明配方产品较差。因为原料间的溶解度参数相差较大时，配方中不相容的成分在长期受热或在较高温度环境下作业时容易发生相分离。在此要说明一点，上面所提到的浑浊和不透明外观并不适用于有结晶的材料，如蜡和乙烯-醋酸乙烯酯（EVA）等的乙烯链段。

很多用户（尤其是亚洲国家的用户）经常因为想获得透明的产品外观，而要求热熔胶制造厂提供水白色、透明的热熔压敏胶。为了达到此目的，这些配方就必须选用水白色的氢化增黏树脂。此外，所选用的所有原材料也都必须很兼容。按照胶黏原理之一的物理性吸附现象，一个极性较高的胶黏剂，由于表面能较高，通常可以感应出胶黏剂和被贴物之间的电偶极性而提供较佳的胶黏力。换句话说，为了美观而选择较昂贵的水白色氢化原料，反而可能会降低部分接口能和胶黏性能。为了要弥补因为接口能降低而造成的本质胶黏性能的损失，如何调整胶黏剂的流变性质（流动或形变能力）就成为影响胶黏性能的重要因素。

除了美观的因素外，透明的胶黏剂在高温下长时间加热时，确实呈现出较佳的热安定性，适用时间也会增长。这种热安定性优势对于使用开放性辊涂生产涂布系统的工艺来说非常重要。

5.3　热熔压敏胶黏度和黏弹性

大多数热熔压敏胶用户都相信热熔压敏胶的黏度数值高低对各种涂胶工艺来说都是一个相当重要的参数。事实上，在热熔压敏胶的生产过程中，黏度最主要的意义是用来确定产品批次间是否一致的一个参考指标。换句话说，黏度用在质量保证（QA）和质量控制（QC）中才有比较实用的意义。产品黏度的差异是检验原材料和所生产的热熔压敏胶是否落在目标规格范围中的最简单方法之一。

黏度的定义是：液体抵抗流动能力的量度。黏度的单位是 mPa·s。剪切应力和剪切速率的比值是黏度的一种定义方式。水的黏度是 1mPa·s。

大多数热熔压敏胶的黏度是通过配有温控加热装置的旋转剪切黏度计测量的（图 5-13）。热熔压敏胶的黏度受温度和剪切速率的影响很大。温度和剪切速率越高，黏度就越低。在检测黏度的过程中，热熔压敏胶的黏度随温度的升高和时间的推移而逐渐降低，这是因为开始时处于无规缠结状态的聚合物链段在旋转剪切的作用下逐步解纠缠而被取向化。在固定的温度下，大部分聚合物分子链都被伸展取向时，黏度值会稳定下来，我们就把这个黏度值记录为热熔压敏胶在该特定温度下的黏度（图 5-14）。

在实际涂胶和喷胶的应用中，没有人会把热熔压敏胶如在实验室中测定

图 5-13　最常用的黏度计（Brookfield Viscometer）和加热器（Thermosel）

图 5-14　黏度和测试时间的关系

黏度时那样的预先加热且不断地旋转剪切直到黏度值被稳定下来。因此，在实际的涂布生产线，热熔压敏胶在被应用瞬间的真实黏度是无法知道的。换句话说，实验室所获得的黏度值与涂胶性能在实质上并没有一定的对应关系。在使用热熔涂布机涂胶时，真正能影响涂胶难易程度的物性则是胶黏剂的黏弹性而不仅仅是黏度。从向量的概念来说，η^* 是 η' 和 η'' 的向量和，$\eta^* = \eta' - i\eta''$，或 $G^* = G' + G''$（图 5-15）。胶黏剂的弹性越高则越不容易永久形变或流动。以口模或滚轮上胶机作业时，热熔压敏胶在被设备拉伸或挤压之后有恢复原有最大乱度形态的倾向。因此要获得较佳的涂布性比较困难。但是，一个弹性较高的热熔压敏胶，如果以螺旋式喷胶机作业时反而较容易控制喷胶丝的形态而不会任意甩丝。通过上述简单的说明，在真实的上胶工艺上，如果想要设定适当的涂布加工条件同时获得最佳的涂布效果，除了靠加工设备来改变上胶温度、速度和压力外，能够预先检测热熔压敏胶在高温的黏弹性是相当有用的。换句话说，如果配方研究人员了解黏弹性和加工工艺之间的相关性，就能够设计出适当的黏弹性给不同的应用市场和加工设备。

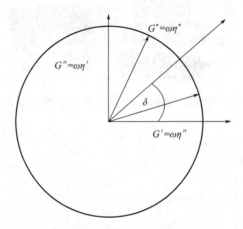

图 5-15　稀稠度的向量关系

　　有许多热熔压敏胶的配方研究人员和使用者认为黏度高低与耐热性或剪切力或持黏力有关系。这是一个似是而非的错误观念。不同的热熔压敏胶配方可以在不同的高温下获得变化趋势不同的黏性曲线（图 5-16）。比方说，一个配方在 150℃ 时的熔融黏度较高，并不代表它在其他温度下也都具有较高的黏度。它可能在 180℃ 时却呈现较低的熔融黏度。这和高分子的分子量分布有关。通常分布较宽（或大）的高分子会呈现黏度变化比较缓的趋势。反之，当高分子的分子量分布比较窄（或小）时，黏度变化会比较陡。所以，我们无法用一个特定温度之下的黏度来评判持黏力。事实上，大部分的热熔压敏胶的胶黏物性都是在室温上下做测试和比较的。想靠高温熔融态的黏度来预测室温胶黏性能是完全不合理的。在实际的物性检测时，每一种压敏胶胶黏物性的高低与测试时的温度、速度、压力、角度、胶厚度、面材厚度、被贴物等都有密切关系。这些都不是一个简单的黏度值高低可以预测或说明的。

图 5-16　不同的热熔压敏胶配方可以在不同的高温下获得变化趋势不同的黏性曲线

　　有一个实际的例子可以推翻一般人的想法。我们都知道面团的室温黏度非常高。但是，它却可以在室温下用很小的压力即成型为许多面制品（图 5-17）。是什么原因呢？从黏弹性的理论，我们可以发现面团的室温黏度虽很高（甚至比大部分的热熔压敏胶高），但是，它的流动性更高，所以可以变形。简单地说，所有物质都是黏弹性的。当黏性大于弹性时，物质就会流动或变形。

图 5-17　面团室温变形

5.4 热熔压敏胶的软化点

软化点是以很小的应力就能让材料产生显著流动时的温度。大部分热熔压敏胶的软化温度是按照 ASTM D-2398（或 ASTM-D36，D2389，E28；AASHTO-T53；IP-198；GB/T 15332—1994）的试验方法通过环球法（ring and ball）测量的。软化点仪见图 5-18。软化点高低会受到测试时升温速度的影响。标准测试方法的升温速度是每分钟升 5℃（或 10℉）。如果加热装置不能提供稳定的升温速度，同一个批次的样品所测得的软化点就有可能略微不同。升温速度越快，所观察到的软化点就越高。这是因为在快速升温的过程中，所使用的加热液体（如甘油）温度会比热熔压敏胶试样本身实际温度还要高。而温度计所测得的软化点是加热液体的温度而非热熔压敏胶试样本身的温度。反之，如果升温速度很慢，所使用的加热液体和热熔压敏胶试样本身实际温度就会较接近。但是在高温且有荷重的条件下，受热时间较长时，所观察到的软化点就会偏低。软化点的高低也会受到使用钢球尺寸或质量的影响。使用的钢球越大或越重，测量到的软化点就越低。标准的钢球尺寸是 3/8″（9.5mm）的直径，质量大约在 3.45～3.55g（图 5-19）。另外，测试时所使用的温度计很讲究。测试软化点所使用的温度计必须是能满足 ASTM E77 的水银温度计。这里要特别强调软化点高低与耐温性能无绝对关系。但是，软化点数据可以作为质量检验参考。

图 5-18 软化点仪
（源于上海十盛）

图 5-19 软化点与升温速度和钢球尺寸/质量的关系

大部分的热熔压敏胶用户都以为能通过选用"高软化点"的热熔压敏胶来获得较高的耐热性。然而，和黏度的测量一样，软化点也只能用来检测所取得增黏树脂和所制造热熔压敏胶批次间质量是否一致的参考指针而已。软化点的高低并不能直接预测热熔压敏胶耐热性。

软化点的标准测试方法也有一些争议。有些热熔压敏胶会在钢珠碰到第二层（底层）金属板（通常视为软化点）前先在第一层（上层）软化然后慢慢下沉，经过较长的时间升温，才慢慢下沉碰触到第二层的金属板。记录软化点时，通常会以碰触第二层的温度作为软化点。反之，有些热熔压敏胶会在第一层软化后很快掉落到第二层的金属板。它们的软化点就比较低。如果两个热熔压敏胶配方得到相同的软化点，但钢珠却有不同的沉降速度，它们应有不同的结构与耐热性（图 5-20）。

图 5-20　软化点标准测试方法结果

当热熔压敏胶需要提供耐高温性能时，配方者和用户都必须对所选用的热熔压敏胶做更科学且有实用意义的胶黏物性检测。在后面的章节中，对于热熔压敏胶耐热性能的测试方法将做较深入的介绍。通常，在实验室里可以通过下列几项试验：剪切胶黏失效温度、剥离胶黏失效温度（peel adhesion fail temperature，PAFT）或固定高温下的持黏力（剪切）来比较或预测热熔胶的耐热程度。

5.5　压敏胶的初黏性

初黏性的定义是压敏胶黏剂在非常轻的压力下（通常是靠自身的重量）黏在物体表面的性质。初黏性的高低是由胶黏剂能否快速服贴于其接触表面的能力来确定。初黏性与剥离力的主要不同处是初黏性或初黏力都不施加额外的力量或重量于试片。而剥离力则在试片与被贴物结合时同时施加固定的力量或重量。

全世界用来检测压敏胶初黏性的常用方法有 4 种（表 5-1）。这 4 种方法是环形初黏力、探针初黏力、滚球初黏性和快黏力。在中国过去只用斜坡滚球初黏性（GB/T 4852），后来又增加了环形初黏力（GB/T 31125—2014）。尽管同一种压敏胶以 4 种不同方法检测，所得到的数值并不相同，这些方法仍然能够用来区分不同压敏胶之间的相对初黏性能。各种方法与接触表面的接触面积与剥离速度不同是造成数值差异的主因。标签从业者多以两页胶黏面的接触快慢与难易来分辨初黏的特性。虽然此法很不科学有许多变数，如分离温度和速度等，但是此法非常快速与容易，经常被从业者使用。总之，从业者应该选用最适当及有意义的方法作为自身产品的测量标准。而非一味只采用某种标准测试方法。以下为各种试验方法的概略说明。

表 5-1　常用的初黏性标准试验方法

性能	试验方法				
	PSTC	TLMI	ASTM	AFERA	FINAT
环形初黏力	16	Yes	D6195（A）		9
探针初黏力			D2979		
滚球初黏性	6		D3121		
快黏力	5			4015	

5.5.1　环形初黏力

环形初黏力在近几年来已经成为最受压敏胶市场信赖的一个试验指标。因为这种方法可以得到重复且一致的数据。现在，大部分欧美国家的胶带和标签生产商在他们公开的产品技术数据中的初黏力都只报告环形初黏力的资料。市面上已经存在许多微处理器控制的环形初黏力专用试验机。图 5-21所示为测试试样的环形形状和一个代表性的试验机。

测试环形初黏力的程序如下。

① 将压敏胶带或标签样品绕成标准环形。有胶的一面向外。

有胶的一面向外

图 5-21　环形初黏力测试试样和试验机（ChemInstruments 产品）

② 让环形胶带或卷标以设定的速度（每分钟 12in）向下行进并与标准试验钢板接触（1in 乘以 1in 的接触面积），再以设定的速度（每分钟 12in）往上拉，直到分离钢板表面。

③ 以电子力量传感器或机械力量计来量测试样离开测试钢板过程中的最高初黏力，取五次的平均值。

环形初黏力会受到接触温度（图 5-22）、速度（图 5-23）及时间（图 5-24）的影响。不同的胶黏剂配方会有不同环形初黏力的变化趋势。通常，环形初黏力会随着接触温度上升而下降。它们的断裂现象也跟配方有关。唯有实测才能得到真实的数据和断裂现象。

图 5-22

图 5-22　胶黏剂环形初黏力与接触温度关系

图 5-23　胶黏剂环形初黏力与接触速度关系

5.5.2　探针初黏力

　　探针初黏力在早期较常用，因为探针初黏力试验的动作与指触初黏力试验非常相似（图 5-25）。现在，只有很少数的生产商和终端使用者仍然采用这种试验方法。这是因为探针尖端的直径只有 5.0 mm（304＃不锈钢），由于接触面积较小而造成这种方法所得到的实验数据差异性较大。探针初黏力试验机测定的初黏性能对涂布量、涂层表面的平滑性和样品制备方法都相当敏感。

图 5-24　胶黏剂环形初黏力与接触时间关系

图 5-25　探针初黏力试验机（ChemInstruments 产品）

测试探针初黏力的程序如下。

① 使标准面积的金属探针以 100g 的载荷与胶黏剂接触 1s。

② 测量探针分离胶黏剂的最高力，取五次的平均值。

下面是 Don Satas 在 *Handbook of Pressure Sentive Adhesion* 第四章所作的结论。探针初黏力和接触时间及接触压力有关。接触时间越长则接触面

积越大，得到的探针初黏力会越大（图 5-26）。而接触压力越大则接触面积
也会越大，得到的探针初黏力会越大（图 5-27）。

图 5-26　探针初黏力和接触时间的关系

图 5-27　探针初黏力和接触压力的关系

　　探针初黏力也和接触温度及速度有关。接触温度越高，得到的探针初黏
力会越低（图 5-28）。接触或分离速度越快，则得到的探针初黏力会越大
（图 5-29）。

　　在 PSA 的配方里，通常在加入增黏树脂约 40％～70％后会提高探针初
黏力（图 5-30）。为何探针初黏力会在 70％以后突然大幅下降，是因为玻璃

图 5-28　探针初黏力和接触温度的关系

图 5-29　探针初黏力和分离速度的关系

化温度 T_g 高于室温所致。

中国台湾日邦公司从流变学的角度也重复了一系列上述实验。他们有以下的发现。

① PSA 的探针初黏力对温度、压力、速度和时间相当敏感。

② 室温用 PSA 的最佳探针初黏力的 T_g 约在 $10\sim15℃$。

③ T_g 的高低会明显影响探针初黏力。

图 5-30　探针初黏力和增黏树脂质量分数的关系

中国台湾日邦发现，不管 PSA 的配方如何，当温度大于 T_g，探针初黏力（$200 \sim 210 \mu m$）会随着温度上升而下降（图 5-31）。

图 5-31　探针初黏力与温度的关系（源于中国台湾日邦）

探针初黏力的大小与温度、流变性的关系见图 5-32。

日邦发现，探针初黏力和接触的重量有关（图 5-33）。通常接触重量越大则探针初黏力越大。但是这种现象在 T_g 及 60℃时不明显。

日邦又发现探针初黏力和分离的速度有关（图 5-34）。不管配方如何，通常分离速度越慢则探针初黏力越小。

探针初黏力会随着接触时间延长而上升（图 5-35）。这种现象在个别的 T_g 处特别明显。

图 5-32　探针初黏力与温度、流变性的关系（源于中国台湾日邦）

(a) LBPSA-1

(b) LBPSA-2

图 5-33

(c) LBPSA-3

图 5-33　探针初黏力与温度、接触重量的关系（源于中国台湾日邦）

(a) LBPSA-1

(b) LBPSA-2

(c) LBPSA-3

图 5-34　探针初黏力与温度、分离速度的关系（源于中国台湾日邦）

(a) LBPSA-1

(b) LBPSA-2

(c) LBPSA-3

图 5-35　探针初黏力与温度、接触时间的关系（源于中国台湾日邦）

中国台湾日邦发现探针初黏力变化的原因会在章节 5.6 压敏胶的剥离力中详细讲解。

5.5.3　滚球初黏力

滚球初黏力试验非常简单，测试器相当便宜。目前行业中使用的滚球初黏性测试器有两种，分别是美国 PSTC-6 滚球测试法（图 5-36），和 J-Dow's 斜坡滚球测试法（图 5-37）。这两种测试方法略有不同。PSTC-6 测试方法是将一个固定尺寸或质量的钢珠从一个带有沟槽的斜坡自由滚下后，测量该钢珠在一平铺于水平面上的测试胶带上能滚动的距离。而 J-Dow's 测试方法则是使用不同大小的球号（球号越大表示钢珠直径越大）经过一段 10cm 没有黏胶的斜坡助跑道加速度后，观察能黏在斜坡上（胶带）最大的钢珠球号。通常一个胶带试片以 PSTC-6 测试能获得较短的滚动距离时，在 J-Dow's 测试方法就会获得较大的球号（图 5-38）。

滚球初黏性的试验结果与其他各种初黏性测试方法所获得的数据却没有可比性。许多研究证实，剥离力或环形初黏力较高的压敏胶反而会获得较小的滚球球号或较长滚球距离，反之亦然。许多相信滚球球号越大则越黏的研究者或使用者往往会牺牲剥离力或环形初黏力来获得较大的滚球球号。事实

图 5-36 PSTC-6 滚球法（ChemInstruments 产品）

图 5-37 J-Dow's 滚球法（蓝光产品）

图 5-38 PSTC-6 与 J-Dow's 滚球法相关性

上，剥离力或环形初黏力较高通常才是配方者的目标。换句话说，滚球初黏距离长短或球号大小往往会误导配方的发展。研究也发现，玻璃化转变温度（T_g）较低且较软的压敏胶通常会获得较佳的滚球初黏性，而环形初黏力和剥离力反而较差（图 5-39）。此外，滚球初黏性测试方法对于测试时的环境温度，钢珠的清洁度与温度和上胶厚度等实验条件相当敏感（图 5-40）。由于多数的实验室都是靠简易的空调来控制室温，且钢珠以溶剂或非溶剂清洁后立即使用，也会使测试时的温度受到改变，因此，滚球初黏性实验结果的再现性相当差。除此外，J-Dow's 滚球初黏性也会受到测试样片的面材，如 PET 膜和铜版纸、助跑段 PET 膜厚、斜坡角度等影响（表 5-2）。总而言之，从多项实验可以证明滚球初黏性并非压敏胶好坏一个合理的评判标准。美国生产 PSTC-6 滚球试验器的厂商也认为滚球初黏性是当初评判医疗石膏厚（约 200g 以上）胶布（plaster）胶体软硬的方法，已经不适用于现在涂胶层很低的胶带与标签（约 20g 上下）。J-Dow's 滚球初黏性的发明人之一也认为滚球初黏法在当初没有计算机的时候设立，有很多不切实际的错误，希望后来的研究者能提出更合理的初黏性测试方法。

图 5-39　J-Dow's 滚球法和其他胶黏物性及 T_g 的相关性

图 5-40 J-Dow's 滚球法与测试温度的相关性

（HMPSA-2，$T_g=13.1℃$；应证配方，$T_g=7.2℃$）

表 5-2 J-Dow's 滚球法在不同测试条件之反应

材质	助跑段膜厚/μm	角度/(°)	球号
PET 膜	0.25	15	19
		30	14
		45	10
	0.5	15	19
		30	10
		45	8
商标纸	0.25	15	17
		30	13
		45	11
	0.5	15	17
		30	11
		45	8

　　虽然滚球初黏性和其他的初黏性和剥离力没有明确之相关性，然而，在实际的应用中，运用滚球初黏性作为生产在线 QC 检测的工具则是一种非常

快速且简易的试验方法。通过这种简易的方法，能够在现场涂胶后立即检测涂布面的均匀性。

图 5-41、图 5-42 中的葛拉辛离型纸和黄色 PE 淋膜离型纸都有类似之结果。

图 5-41　斜坡滚球初黏法的上胶厚度效应（格拉辛离型纸）

图 5-42　斜坡滚球初黏法的上胶厚度效应（黄色 PE 淋膜离型纸）

此外，研究者也会意外地发现不含增黏剂的配方仍可以获得不错的滚球初黏性。首先，我们必须承认且接受滚球初黏性的测试结果确实和真实世界的室温胶黏物性没有实质关系。通常，通过滚球初黏性可以测定物质硬软度，却无法获得胶黏剂的胶黏性能。其测试结果仅能作为质量检验时的参考，而不能用来判断真实应用世界的胶黏能力。在科学上，目前滚球初黏性的测试方法属于相当高速的一种测试方法。从时温等效（time-temperature superposition）的观念来说，高速（短时间）相于低温。因此，即使是在室温下进行滚球初黏性的测试，实际上却反映出胶黏剂在非常高速的环境下的性能。因此，一个室温通用型热熔压敏胶通常无法获得较好的滚球初黏性，因为它的 T_g 通常在 5～10℃。在相当高速下，通用型热熔压敏胶已经形成玻璃态而沾不住钢球。相反，T_g 越低的热熔压敏胶，室温剥离力就越低，类似于可移胶或冷藏冷冻应用的热熔压敏胶配方，却能呈现出较好的室温滚球初黏性。

事实上，滚球初黏性的大小和热熔压敏胶 T_g 的高低是有关的。在室温时高速度测试下的滚球，当钢球与胶黏剂接触的瞬间，热熔压敏胶的 T_g 越低，滚球就越不容易到达热熔压敏胶的玻璃态或玻璃转换区。因此，T_g 越低的热熔压敏胶球号会越大。反之，T_g 越高则球号越小。这与剥离力和环形初黏力得到的结果刚好相反。通常，一个热熔压敏胶的 T_g 越高（如介于 -10～10℃），则剥离力和环形初黏力也会越高。从下面实验的设计，环烷油与 SIS（HMPSA-1，HMPSA-2，HMPSA-3）和环烷油与白油置换（HMPSA-1，HMPSA-4，HMPSA-5），可以得到不同的软化点和黏度，也会得到不同的 G' 和 T_g（表 5-3）。通常环烷油取代 SIS 后的软化点和黏度较低。而加入较多的白油（低 T_g）取代环烷油后可以得到较低的 G_n^0 和较低的 T_g（图 5-43）。从实验结果发现，T_g 基本相同时，即使在 G' 降低的情况下，球号也没有明显增大。然而，当 T_g 下降，G' 也降低时，球号会大幅增大（图 5-44）。由这个实验结果可以判断 T_g 的高低才是滚球初黏性大小的真正控制因素。

表 5-3 不同比例的 SBC 及矿物油

项目		HMPSA-1	HMPSA-2	HMPSA-3	HMPSA-4	HMPSA-5
比例/%	Vector 4113	30	27	24	27	24
	KN-4010	10	13	16	10	10
	白油♯36				3	6
	C-100W	45	45	45	45	45
	C-8010	15	15	15	15	15
性质	SP/℃	91	88	84	89	83
	黏度(170℃)/cps	5544	3847	2536	3889	2354
	T_g/℃	6.3	7.4	8.4	4.9	4.0
	G'(25℃)/(10^5 dyn/cm^2)	6.5	4.7	4.5	4.6	3.8
	流动点/℃	102	99	97	99	96

图 5-43 不同比例的 SBC 及矿物油的流变图

图 5-44　滚球初黏性球号

5.5.4　90°快黏力

快黏力可在大部分配有活动滑板的拉伸试验机上进行，所使用的活动滑板可以提供试片 90°的剥离角度（图 5-45）。当然快黏力也可以用卧式的拉力机在 90°的剥离角度进行。快黏力试验和 90°剥离试验的差别就是在试验前没有在快黏力试样上施加压力。尽管这种试验方法有点繁琐，立式拉力机需要外加一个配件，但是这种方法的试验结果较为一致，并且可以与 90°剥离试验测定的结果进行对比。

测试 90°快黏力的程序如下。

① 将胶带试样贴合在不锈钢板上，整个过程中，试样上除了本身重量外未被施加任何压力。

② 以 12″/min 的速度将胶带以 90°的角度剥离，取三次测量的平均值。

用上述相同（表 5-3）的五个配方做快黏测试。大致上，当 T_g 比较高时，如 HMPSA-1，HMPSA-2，HMPSA-3 较 HMPSA-4，HMPSA-5 的 T_g 高，则快黏力也会略微升高（图 5-46）。这个实验结果与 T_g 越低则滚球初黏性球号越大的结果相反。我们可以解释快黏力的最高点发生在 T_g 约为 6℃（最高点的两侧快黏力下降），也可以解释加了白油的配方（HMPSA-4，HMPSA-5），因为极性降低（白油比环烷油有较低级性），所以快黏力也降低。当然，这只是一次实验的结果，详细的快黏力实验结果和 T_g 及 G' 的相关性有待后来的研究人员持续做下去。

图 5-45　90°快黏力（ChemInstruments 产品）

图 5-46　不同配方的快黏力

5.5.5 指触初黏性

指触初黏性在实际的检测中也常
被用到，这种方法不需要任何设备
（图5-47）。很多人相信指触初黏性的
感觉比上述的其他试验方法更为真实。
实际上，指触初黏性不仅过于主观，
也非常不科学。在真实的应用市场里，
除了与皮肤接触的压敏胶带外，几乎
没有任何压敏胶是要贴在人体皮肤上

图 5-47　指触初黏性

的。很多变量（如皮肤粗糙度、温度、油脂和汗渍等）都会对指触初黏性的
手感造成显著的影响。当胶黏剂用户在选择适合使用的压敏胶时，指触初黏
性的感觉经常会对他们的选择造成误导。

5.5.6 其他初黏力测试方法

初黏力测试方法很多。除了上述方法以外，下列的 drum tack（鼓初黏
力）和 wheel tack（轮子初黏力）亦有公司提出（图5-48）。虽然每种方法
得到的初黏力数据不尽相同，但都在某种程度上呈现了初黏的状态。

图 5-48　drum tack（鼓初黏力）（a）和 wheel tack（轮子初黏力）（b）
（ChemInstruments 图片）

5.6　热熔压敏胶的剥离力

剥离胶黏力是压敏胶的技术数据表（TDS）上最重要的胶黏性能之一。它阐述了压敏胶在定质量下（通常为 2kg）被贴合于标准钢板后再度分离标准钢板的线力量。表 5-4 中为各国际性胶黏剂组织所提供的几种标准试验方法。中国用的标准是 GB 2792（1998）。

表 5-4　180°剥离试验的全球性标准试验方法（ISO 29862）

组织	方法	剥离角度/(°)	测试速度/(in/min)	停留时间/min
ASTM	D903	180	12	开放
ASTM	D1000	180	12	20
ASTM	D2860	90	静止	3
ASTM	D3330	180	12	<1
TLMI	L1A1	180	12	开放
PSTC	1	180	12	<1
PSTC	2	90	12	<1
PSTC	3	180	12	<1
PSTC	14	90	静止	3
FINAT	FTM1	180	300mm/min	20min~24h
FINAT	FTM2	90	300mm/min	20min~24h
AFERA	4001	180	300mm/min	10

试验的几何形状如图 5-49 所示。将欲试验的试片按照下列程序执行试验。180°剥离强度的试验程序如下所述。

① 用 4.5lb 的橡胶辊将胶带试样贴在不锈钢板上（每个方向各一或三次）。

② 以 12″/min 的速度剥离胶带；取 3 次测量的平均值。

图 5-49　180°剥离试验机的几何形状（ChemInstruments 产品）

5.6.1　热熔压敏胶在剥离时的破坏模式

剥离力的总剥离能量是界面剥离能量，胶体变形所吸收的能量和背胶面材所吸收的能量的总和（图 5-50）。个别能量和物理性吸附及流变性有很密切的相关性。关于厚度、温度、速度和角度对剥离力的影响，下面的章节会详细讨论。

图 5-50　总剥离能量的来源

图 5-51 为日东公司从前端及侧面观察在剥离瞬间所发生的断裂情形。

根据上述的试验方法，我们在试片剥离时总能观察到各种破坏的模式（图 5-52）。两种剥离力相同的热熔压敏胶，可能呈现出完全不同的破坏模式是司空见惯的现象。这个事实透露出两种胶黏剂在剥离期间具有不同的流变性质（图 5-53）。通常，将胶带或标签从某些被贴物剥离时可能观察到下列几种不同的破坏模式。除了下列这几种单一的破坏模式外，当试验条件或胶黏剂配方恰巧落在两种不同破坏模式的过渡状态时，有时也会观察到混合破坏模式。

图 5-51　电子显微镜下的剥离状态（日东电工图片）

图 5-52　剥离时的破坏模式

图 5-53 破坏模式和流变学

（1）面材撕裂模式　这是纸卷标最常见的破坏模式。纸张的撕裂强度通常比所用胶黏剂的内聚力和胶黏力要低。

（2）胶转移模式或面材和胶黏剂之间的接口破坏　对于低表面能塑料这样的难黏面材来说，在剥离时，胶黏剂层可能会分离面材而转移到被贴物表面上。

（3）内聚破坏模式（CF）　当胶黏剂的内聚强度低于面材的撕裂强度和界面胶黏力时，在剥离时，胶黏剂本身可能会从内部断裂。

（4）接口破坏模式（黏附破坏，AF）　断裂发生在胶黏剂和被贴物之间。对大部分压敏胶带来说，这是典型或必需的破坏模式。在被贴物上没有任何胶黏剂残留。

（5）被贴物撕裂模式　当被贴物的内聚强度在所有破坏力量中最低时，就会发生被贴物撕裂现象。在纸张或纸板等较薄弱的被贴物上经常可以看到这种破坏模式。

（6）黏滑振动模式（SS）　对于特定的胶黏剂配方来说，尽管整个试验过程中剥离速度是一样的，但是因为在胶黏剂 T_g 范围附近，胶体会出现非常大的伸长或变形，在剥离时的应变速率可能因此而不稳定。在黏滞点（峰值）的力是最大伸长率的结果。然而，紧接在峰值后面的试样立即充分地松弛，没有任何应变速率。因此，可以检测到的力非常低，甚至于检测不到。

出现这种形式的破坏模式时，峰值和谷值的力以及两峰之间的距离（波长，λ）都应该记录下来。

按照室温标准试验条件时，可能在不同的胶黏剂配方上观察到上面的各种破坏模式。而在不同的试验温度、剥离速度和剥离角度下，也可能在同一个配方上观察到这些不同的破坏模式。

剥离力试验是压敏胶最重要的性能。剥离力会受温度、厚度、速度、角度、面材和被贴物等的变化影响。剥离力在这些条件改变时，流变性也会跟着变化，性能也因此改变。

5.6.2　热熔压敏胶剥离温度效应

很多胶黏剂用户和配方设计人员对于粘接力和温度之间关联性有着错误的认识。一般人通常会相信当胶带或卷标的使用温度高于室温时，粘接力应该较高。在滚球初黏性的测试中，我们的确得到较大的球号，压敏胶也通常比较软。但是，从压敏胶黏性来分析，我们却会得到比较低的剥离力和环形初黏力。因此，这种认识是不正确的，尤其是对于大部分 SBC 基的通用型热熔压敏胶。在我们的生活经验里，我们经常会尝试通过用热（吹）风机加热将粘贴的非常牢固的胶带或商标纸剥离金属表面。这种实际的生活经验证实了胶黏性或剥离力随着温度上升而下降。如前所述，热熔压敏胶的 T_g 或 $\tan\delta$ 值高低才是决定粘接力的关键因素。通用型热熔压敏胶的 T_g 通常在 $-10\sim10℃$。在这个温度范围内，剥离力会随着 T_g 的降低而降低。这是因为，当配方的 T_g 降低时，室温下的损耗角正切值（$\tan\delta$）也会降低（整个 $\tan\delta$ 曲线向低温区平移所致）。因此，室温下贴合过程中冷流的倾向以及胶黏剂在分离时的伸长量会变小。根据相同的原理，如果胶黏剂的 T_g 是固定的，当试验温度升高时（远离 $\tan\delta$ 峰值），在此测试温度下的损耗角正切值（$\tan\delta$）会降低，粘接力也因此而下降。

损耗角正切值（$\tan\delta$）的大小是压敏胶流动或润湿特性很好的指标。另一方面，胶黏剂的 G' 则反映了胶黏剂在受轻压下的瞬间形变能力和胶黏剂从被贴物表面分离时的抗张强度。通常，室温 G' 值在低于 $2\times10^6\,\mathrm{dyn/cm^2}$ 时，胶黏剂可受轻压即变形。然而，在 G' 低于 $2\times10^6\,\mathrm{dyn/cm^2}$ 时，室温 G' 值越高则分离时的抗张强度越大。用流变仪进行典型热熔压敏胶的温度扫描时，可以观察到下面 4 个流变区。

① 玻璃态区。从最低温区开始，损耗角正切曲线开始时非常低，然后逐渐增加到最高值，我们将这个峰值的温度称为 T_g。G' 在这个区内基本上都较高较

平，随着温度的升高并没有很大的变化。胶黏剂在玻璃态区呈现比较脆的特征。

② 玻璃化转变区。损耗角正切值（tanδ）相当高，这表明胶黏剂在这个区域有较大的冷流倾向。G'在这个区域从玻璃态显著骤降到橡胶态。胶黏剂在玻璃化转变区有较好的韧性。

③ 橡胶平台区。损耗角正切值（tanδ）随着温度的升高先下降到最小值。这一段称为纠缠区。然后，损耗角正切值（tanδ）再从最低值回升到1.0。这一段称为解纠缠区。在损耗角正切降低的部分，聚合物分子链纠缠点逐渐增加，胶黏剂的弹性或内聚强度也因此逐渐上升。当温度达到损耗角正切最小值以上时，聚合物分子链则开始解纠缠，在剪切力下作用下逐渐取向。在此平台区的G'通常保持水平，或随温度的升高略微降低（和组分间的兼容性及分子量分布有关联）。

④ 热流动区。温度达到苯乙烯相的软化温度时，胶黏剂就失去了物理交联特性而变得可以热流动。当损耗角正切值（tanδ）大于1时，G'随着温度升高而显著降低。

按照上述的说明，胶黏剂的流变性质在整个试验温度范围内的每一个温度下都会不断的变化。剥离力（例如，180°剥离）和剥离所造成的破坏模式在上述不同的区域也会发生改变。我们用下面的剥离力曲线和实际拍摄的照片来说明通用型热熔压敏胶在各个区域内剥离力的大小和破坏模式。

（1）玻璃态区　剥离力相当低，可能会发生胶转移（transfer）破坏的模式（图 5-54，图 5-55）。在这样的低温条件下，胶黏剂本身无法松弛，对

图 5-54　玻璃态区的剥离力

（1gf＝9.8×10^{-3}N）

钢板（极性较高）的黏着力可以大于胶黏剂对于面材（例如，PET 膜）的黏着力。因此而发生胶转移破坏的模式。

图 5-55　玻璃态区观察到的胶转移破坏模式

（2）玻璃化转变区　剥离力很高但是会跳动；经常观察到的是规则的黏滑振动（stick-slip）破坏模式（图 5-56，图 5-57）。剥离力值的低点可能趋近于零。测试钢板上可以观察到规则性残胶（transfer）和没残胶（黏附破坏，adhesive fail）交替出现的破坏模式。

图 5-56　玻璃化转变区的剥离力

（3）橡胶平台区　剥离力逐渐降低；黏附破坏（adhesive fail）和内聚破坏（cohesive fail）的模式都可能观察到，具体的破坏模式取决于胶黏剂本身的内聚强度。黏附破坏通常在纠缠区中出现（图 5-58，图 5-59），而内聚破坏通常发生在解纠缠区（图 5-60，图 5-61）。

图 5-57　玻璃化转变区观察到的黏滑振动模式

图 5-58　橡胶平台区的剥离力（纠缠区）

图 5-59　橡胶平台区中观察到的黏附破坏（无残胶）（纠缠区）

图 5-60　橡胶平台区的剥离力（解纠缠区）

图 5-61　橡胶平台区中观察到的内聚破坏（有残胶）（解纠缠区）

（4）热流动区　在此区域的压敏胶黏剂虽可以附着在钢板或 PET 膜上，但压敏胶黏剂的剥离力非常小，内聚力也相当弱，内聚破坏通常是常见的破坏模式。当然，如果压敏胶黏剂内的低分子量，如液态树脂和矿物油，在高温时有移型现象，有时可以观察到压敏胶黏剂与钢板间的黏附破坏。

图 5-62 中明显地标示出每个流变区内剥离力和破坏模式的变化。这张图证明了剥离粘接力在试验或使用温度高于室温时确实是随着温度上升而降低。

图 5-62　温度对剥离胶黏性能的影响

除了探讨上面的剥离力/破坏模式和温度的关系外，我们还可以发现破坏模式和损耗角正切曲线之间有极为相似的曲线关系。图 5-63 为测试用热熔压敏胶的完整流变图。将被测试的热熔压敏胶在－20～80℃温度范围中所得到的损耗角正切曲线重划之后，可以明确地发现下面的关联性：①在玻璃态区观察到了胶转移；②在玻璃化转变区观察到了黏滑振动；③在橡胶态平台区（纠缠区）观察到黏附破坏和内聚破坏；④在橡胶态平台区（解纠缠区）仅观察到内聚破坏（图 5-64）。透过上述所发现的相关性，研究人员可以利用流变性能来快速地预测热熔压敏胶在不同温度下的剥离力和破坏模式。

如果测试温度在剥离力最高点的高温区，不管是什么配方，剥离力会随着测试温度上升而下降（图 5-65）。任何配方的剥离力不断下降是因为在这个区域的 $\tan\delta$ 值也从 $\tan\delta$ 最高值（$\tan\delta_{max}$）往最低值（$\tan\delta_{min}$）走。同理，两种胶黏剂在某温度下剥离力的高低就可以由 $\tan\delta$ 值的高低来判断。当胶黏剂到 $\tan\delta_{min}$ 后继续升温时，$\tan\delta$ 会开始上升或者说胶黏剂开始进入解纠缠区。这个区域的剥离力会越来越低。

图 5-63　测试用热熔压敏胶的流变图

图 5-64　破坏模式与损耗角正切曲线的关联性

图 5-65　剥离力随着测试温度上升而下降

温度/℃	−10	0	10	20	30	40	50	60	70	80
HMPSA-1		0.41(SS)	1.53(SS)	3.86(SS)	3.47(CF)	2.78(CF)	2.05(CF)	1.28(CF)	0.42(AF)	0.18(AF)
HMPSA-2	0.43(SS)	1.55(SS)	3.65(CF)	2.79(CF)	1.61(CF)	0.97(CF)	0.52(AF)	0.24(AF)		
HMPSA-3	2.05(SS)	4.05(CF)	3.22(CF)	1.69(CF)	0.79(CF)	0.30(AF)	0.03(AF)			

5.6.3　热熔压敏胶剥离速度效应

几十年来，很多胶黏科学家都对剥离速度与剥离粘接力的关系做了广泛的研究。对于大部分的通用型热熔压敏胶来说，通常，剥离粘接力会随着剥离速度的升高而增大。根据时温（或频率-温度，time-temperature superposition）叠加原理，较高速度下的剥离行为与低温下的剥离行为基本上是一致的。用流变仪将通用型热熔压敏胶从低温到高温做温度扫描，当温度高于室温时，热熔压敏胶的 G' 和损耗角正切值（tanδ）通常会随温度的升高而逐渐减小。反过来说，G' 和损耗角正切值（tanδ）在从室温到 T_g 的范围内会随温度的降低而增大。按照时温叠加原理，在较低温度下所测定的流变学性能和较高频率（速度）下或较短时间所测定的结果是一致的。当剥离速度提高时，就如同从室温往低温区移动，G' 和损耗角正切值（tanδ）也同样跟着增大。因此，内聚力（与 G' 对应）和伸长率（对应于损耗角正切值 tanδ）在较高剥离速度下也得到提高。这种关联性在损耗角正切达到峰值（T_g）之前都不会变化。然而，在非常高的剥离速度下，相对于相当低的温度，热熔压敏胶会成为玻璃态材料，在剥离动作中表现出非常高的 G' 和非常低的损耗角正切值（tanδ）。

上述不同速度下的剥离力还可以跟不同的破坏模式相互对应。通常，剥离速度从非常低到非常高，破坏模式可能依次从内聚破坏（CF）、黏附破坏（AF）、黏滑振动（SS，跳动）甚至于成为胶黏剂向被贴物上转移（transfer）。这种破坏模式从低速到高速的转变和从高温向低温时测定所得到的转变基本上是一致的。

表 5-5 和图 5-66 所示为通用型热熔压敏胶在不同速度下的 180°剥离力。其中的剥离力差异是通过不同的剥离速度分别以 $25\mu m$、$50\mu m$、$75\mu m$ 和 $100\mu m$ 的胶黏剂厚度得到的。剥离力随着剥离速度从低速提高到中等速度而增加，当剥离速度极高（如 $600in/min$）时变得不太稳定。破坏模式随着剥离速度的提高从 AF、CF 向 SS 或胶转移模式转变。不管被测试的胶黏剂厚度如何都发生了类似的现象。试验结果证实了时温叠加原理是正确的。简言之，通过不同剥离速度测定得到的剥离力和破坏模式变化与在不同温度下测试所得到的结果基本上是一致的。

表 5-5　25℃时 180°剥离力和剥离速度的关系

厚度/μm	6in/min	12in/min	60in/min	120in/min	600in/min
25	2.10kg/in（AF）	2.78kg/in（AF）	4.06kg/in（CF）	4.42kg/in（CF）	2.86kg/in（SS）
50	2.85kg/in（AF）	3.47kg/in（AF）	4.35kg/in（CF）	4.49kg/in（CF）	5.11kg/in（SS）
75	3.17kg/in（AF）	4.13kg/in（AF）	4.73kg/in（CF）	4.66kg/in（CF）	5.23kg/in（SS）
100	3.66kg/in（AF）	4.23kg/in（AF）	4.81kg/in（CF）	5.23kg/in（CF）	7.83kg/in（TF）

同样的结果也发生在不同配方时，低 T_g 的配方（HMPSA-2，HMPSA-3）在高速测试时，剥离力会随着速度的增大而上升。但是一较高 T_g 的配方（HMPSA-1）在 $2000mm/min$ 的高速时，剥离力突然下降。破坏模式也突然转变，从 AF 变成 SS。这里说明了高速相当于低温。所以 HMPSA-1 会从橡胶区的 AF 突然变到玻璃转换区，而呈现 SS 的破坏模式（图 5-67）。

在压敏胶实验室里，标准剥离力测试速度是 $12in/min$（$30cm/min$）。然而，在实际应用中，剥离速度可能和实验室中的标准剥离速度不同。为了在高剥离速度或分离速度下得到较高的胶黏性能，同时也没有跳动或胶黏剂向

图 5-66　25℃下 180°剥离力和剥离速度的关系

速度(mm/min)	150	300	600	1200	2000	3000
HMPSA-1	3.55(CF)	3.99(CF)	4.37(CF)	4.59(CF)	2.32(SS)	1.35(SS)
HMPSA-2	1.68(AF)	2.34(AF)	2.65(AF)	3.01(CF)	3.22(CF)	3.39(CF)
HMPSA-3	0.58(AF)	1.01(AF)	1.25(AF)	1.76(AF)	2.56(CF)	2.85(CF)

图 5-67　三个不同 T_g 的 HMPSA 配方在 25℃下 180°剥离力和剥离速度的关系

被贴物转移的现象，胶黏剂的 T_g 应该相对较低。同理，要在低剥离速度下得到高剥离力，胶黏剂的 T_g 就应该相对较高。

5.6.4　热熔压敏胶带和标签的剥离角度效应

大部分标准剥离胶黏试验都是以 180°或 90°的角度进行的。但是，在真实的应用中，没有人会注意到真实的剥离角度。事实上，在真实的应用世界里，剥离角度通常不会发生在 180°或 90°的角度。

所有压敏胶带和标签的剥离粘接力明显地受剥离角度的影响。遗憾的是，剥离力和剥离角度之间并不存在一个简单的定量关系。某些压敏胶在最低的剥离角度呈现出最高的剥离力，而其他的压敏胶则可能在 30°到 40°的剥离角度具有最高的剥离力。不论是什么类别的压敏胶，通常，最小的剥离力会出现在 120°到 140°的剥离角度之间。

事实上，除了剥离试验外，剪切胶黏和初黏性能也和试验角度有密切关联。剪切胶黏试验实际上是一种 0 度角的剥离试验。剪切粘接力非常高是因为剪切试验的总剥离面积比一般的剥离试验要高很多，一般的剥离试验仅仅是一条线剥脱。标准方法用公斤/英寸或牛/2.5 公分作单位。探针初黏试验机可以测定圆形接触面上力的变化。剥离角度在分离时不断改变（变大），同时圆形接触面积逐渐减小。环形初黏力试验开始时是一个正方形的接触面，在分离过程中，接触面积也逐渐减小到成为一条接触线。探针和环形初黏力的剥离角度在整个分离过程中一直在改变。因此，它们所测得的粘接力在整个分离过程中也都一直在改变（图 5-68）。通常，探针和环形初黏力的最高点会发生在实验的最后阶段。那时所呈现的力量是单位点或线所承受的分离力。通常，实验者只记录整个实验过程分离力的最高点。

相对接触面积

剥离线型

图 5-68　分离时的最后形态（ChemInstruments）

在我们的日常生活中，几乎没有任何胶带和标签真正的以 180°或 90°的角度被剥离。而胶黏剂、胶带和标签供货商也从来没有能力或不知要检测和提供有实用意义角度下的真实剥离力。为了了解剥离角度对剥离力的影响，三个热熔压敏胶实验配方借由一个可以任意调整角度、速度和温度的多功能剥离力测试仪——Adhesive Source MPT-2000 获得不同剥离角度下的剥离力结果，如表 5-6 和图 5-69 所示。根据实验所选用的角度范围，这三个热熔压敏胶实验配方的剥离力都随着剥离角度不断变化。剥离力从 60°开始往下降到最低值，应该介于 120°～150°，之后再回升到 180°。除了少数应用外，绝大多数的真实世界使用者的剥离角度刚好都发生在此出现最低值的两角度范围之间。所以，当压敏胶或胶带和标签供货商提出 180°或 90°角度下所测得的典型剥离力资料时，并无法预测或反映出该产品在用户应用时的真实物性。更甚者，真实的剥离物性通常又远低于供货商所提供的典型数据。或许，剥离角度变化所产生的物性改变也是市场上发生的投诉问题之一。既然角度对于剥离力的影响如此显著，为了减少投诉，供货商应该尝试提供产品在各种不同角度下的胶黏物性。

表 5-6　25℃下热熔压敏胶剥离力和剥离角度的关系

剥离角度/(°)	60	90	120	150	180
HMPSA-1	2.52(SS)	2.22(SS)	1.93(SS)	2.16(SS)	4.19(CF)
HMPSA-2	2.07(CF)	1.44(AF)	1.15(AF)	1.32(AF)	2.34(CF)
HMPSA-3	1.63(AF)	0.93(AF)	0.67(AF)	0.62(AF)	1.01(AF)

图 5-69　25℃下热熔压敏胶剥离力和剥离角度的关系

也有其他研究者发现剥离角度确实会影响剥离力（图 5-70）。这些学者也发现剥离力最低点发生于 120°～150°。日本日东电工公司认为角度较低时（如低于 120°）和胶黏层的厚度有关，而大于上述角度时，与基材的厚度关系较大（图 5-71）。

图 5-70　剥离力与剥离角度的关系

庄孝根提出面材的厚度改变，事实上是改变了胶的剥离角度。当面材从 0.5mil（1mil＝25.4μm）Mylar 增加至 5mil Mylar 时，剥离力结果是上升的。从图 5-72 相片中可以明确地看到使用不同的面材厚度，除了转弯处的曲率改变外，还会导致不同的胶剥离角度。也因此在相同的胶厚度下可以得到不同的剥离力。这种结果和胶黏剂改变剥离角度厚的测试结果略微相同。

图 5-71 剥离力与剥离角度的关系（日东电工公司）

面材厚度/mil	剥离力/(N/m)
0.5	387
1	455
2	516
5	604

图 5-72 不同面材厚度，相同胶厚度，得到不同的剥离力

5.7　热熔压敏胶的剪切胶黏性能

剪切胶黏性能（或持黏力）也是压敏胶重要的性能之一，对胶带方面的应用来说这种性能尤其重要（表 5-7）。剪切胶黏性能是量测试一个胶带在一定的面积尺寸与固定载荷下，从测试平板上脱落所需的时间。全球剪切胶黏性能的主要标准试验方法如图 5-73 所示。

表 5-7　全球剪切胶黏性能的主要标准试验方法

组织	方法	面积	质量/kg	荷重前停留时间/min
ASTM	D3654	$0.5'' \times 0.5''$	1	短暂
TLMI	L1C	$1'' \times 1''$	开放	30
PSTC	107	$0.5'' \times 0.5''$	1	短暂
FINAT	FTM9	$25mm \times 25mm$	1	5～10
AFERA	4012	$25mm \times 25mm$	开放	10

图 5-73　剪切胶黏性能试验的几何形状

剪切胶黏性能的试验程序如下所述：

① 使用 4.5lb 橡胶辊将胶带试样贴在不锈钢板上（每个方向各滚压一次）。

② 将钢板与竖直方向成 2°角悬挂（图 5-74），挂上载荷。

③ 记录胶带从钢板分离的时间，取 5 次试验的平均值。

图 5-74 剪切胶黏性能试验（2°角悬挂）（ChemInstruments 产品）

以时间为单位的剪切胶黏性能的试验结果会明显地受到试验温度和载荷的影响（图 5-75）。试验的温度越高，载荷越重，剪切胶黏性能越低。剪切胶黏试验必须记录试验温度和单位面积的载荷。

图 5-75 剪切胶黏性能与试验温度和载荷的关系

剪切胶黏性能或持黏力测试是一个相当复杂的结合与断裂过程。在试片与钢板结合阶段，持黏力时间的长短和热熔压敏胶试片与钢板压合时的流动性或是接触面积有关。在荷重时，持黏力的测试时间长短和测试时的荷重，温度与角度有关。这些现象说明了热熔压敏胶持黏力测试时对于测试环境温度和条件相当敏感。通常，温度较低时，持黏力较高（滑落时间较久），而温度较高时，持黏力较低。角度越大时（持黏力或剪切力测试通常为零角度），持黏力越低。这与剥离力测试时角度变化的结果相似。持黏力最低值发生在135°。因此，如果测试环境的温度一直在改变，比方说是日夜有温差或是春夏秋冬的温差，就无法得到再现的持黏力结果。当然，测试角度变换也是持黏力变化的原因之一。下面我们会详细讨论每个影响持黏力变化的主要因素。

5.7.1　热熔压敏胶高温剪切胶黏性能和 SAFT（剪切胶黏失效温度）

除了室温剪切胶黏性能（或持黏力）检测外，对某些终端使用场合来说，有时高温下的剪切胶黏性能也很重要。热熔压敏胶试验室通常使用的有两种不同的测试方法。第一种方法被称为高温剪切粘接力（ASTM-3654；PSTC-7，14；TLMI-7）。试验程序与室温剪切粘接力的检测方法相同。但是，试验温度通常设定在一个固定的高温，如 60℃、70℃ 或 80℃，而载荷较轻，为 1psi，室温试验则为 2psi 或 4psi。这种试验方法是用来测定剪切胶黏失效时间。另一种方法被称为 SAFT（剪切胶黏失效温度，ASTM D-4498-95）。胶黏剂试样在 1psi 的较轻载荷下以固定的升温速度（例如 1℃/3min）从室温开始稳定升温。SAFT 指的是胶黏剂能够承受特定重量的温度上限。典型的 SAFT 实验用烘箱如图 5-76 所示。

图 5-76　典型的高温持黏力和 SAFT 实验用烘箱（ChemInstruments 产品）

聚合物裂解、分子结构和使用原料的兼容性和配比都可能对 SAFT 结果造成很大的影响。SAFT 不是在量度胶黏剂和被贴物之间粘接力，而是在量度胶黏剂本身在高温受力下的内聚强度或内聚力。升温速率和悬挂载荷都对 SAFT 的高低有很大的影响（图 5-77）。升温速度快，将会缩短热熔压敏胶在固定温度下的浸润时间，得到的失效温度较高。与室温剪切试验相似，较重的载荷将使热熔压敏胶在高温下的耐剪切性能大幅降低，因此降低了失效温度。

图 5-77　SAFT 同升温速率和载荷的关系

尽管 SAFT（测定失效温度）可以区分出不同热熔压敏胶在高温下内聚强度的差异，但试验结果有时并不能直接和固定高温下的剪切胶黏试验（测定失效时间）关联起来。换句话说，具有较高 SAFT 温度值的胶黏剂并不意味着在任何高温下也都能保持较长的时间。在实际的胶带或商标纸应用中，热熔压敏胶的耐热性能与高温剪切胶黏性能测定的结果可能较有关系，而和 SAFT 的测试结果较无关联。

以下为一耐热热熔压敏胶（7145）外加 C9 补强剂之后，高温剪切胶黏性和 SAFT 的变化（表 5-8）。从数据可以看出外加补强剂至 15%，高温剪切胶黏性和 SAFT 会随着补强剂比例的增加而不断上升。过了 15% 之后，高温剪切胶黏性和 SAFT 开始下降。这种结果可以从图 5-78 流变性来解释。当耐热热熔压敏胶的 T_g 接近室温，G' 和 $\tan\delta=1$ 值上升时，通常可以得到较高的分离力量。然而，当室温下的 G' 高于 $2\times10^6 \mathrm{dyn/cm^2}$ 时，在标准的测试（2kg 滚轮压合试片）下，因 G' 过高，所使用标准压力或重量无法让试片得到适当的流动性（或变形）而得不到最大接触面积。因此，也得不到更高的高温剪切胶黏性和 SAFT。

表 5-8　加补强剂后高温剪切胶黏性和 SAFT 的变化

物性		7145	7145-1	7145-2	7145-3
补强剂比例/%		0.0	10.0	15.0	20.0
SAFT/℃		100.8	104.1	108.0	104.2
持黏力 （2psi/min）	80℃	48.5	160.8	1251.7	1026.1
	90℃	7.1	26.7	80.7	68.5

图 5-78　7145 外加 C9 补强剂的流变性变化

5.7.2　剪切胶黏性能与润湿点

郝大卫从热熔压敏胶流变图中提出 T_w（润湿点）的概念（图 5-79）。T_w 发生在 tanδ＝1［从 tanδ＝10^0 划一条线。在 tanδ 峰值和最低值间（纠缠区）］，与 tanδ 曲线交叉点。他认为胶黏剂在自身动力（大气压或基材应力）或者外加动力下，发生形变，并在外力撤除后发生弹性恢复后，胶黏剂层和被粘层达到形成分子间力的过程（图 5-80）。也就是在 $G'<2\times10^6$ dyn/cm^2 的条件下，T_w 温度值越高，热熔压敏胶在 25℃下会有较高的 tanδ 值，也因此该热熔压敏胶会有较高的流动性，贴合压力撤除后会得到较多的接触面积（润湿面积）。

这种结果可以在下面的实验得到证实。三个配方的 T_w 温度值越高则在 25℃下的 tanδ 值越大（图 5-81）。也因此热熔压敏胶越有流动性。

同样的结果可以在表 5-9 及图 5-82 看到。

图 5-79　代表性 tan δ 值流变图与 T_w 的定义

图 5-80　热熔压敏胶压合过程

配方	$T_g/℃$	$T_w/℃$	$G'(25℃)$ /(dyn/cm²)	$G_n^°$/(dyn /cm²)	$\tan\delta_{min}$	$\tan\delta_{max}$	流动点/℃
HMPSA-1	17.4	31	1130000	497000	0.20	60	95
HMPSA-2	7.5	21	605000	445000	0.19	58	91
HMPSA-3	−7.1	9	527000	471000	0.17	52	88

图 5-81　三个热熔压敏胶压配方的 T_w

表 5-9　5 个热熔压敏胶压配方及流变性

配方	J059-1	J059-2	J059-3	J059-4	J059-5
T-1307	30	30	30	30	30
KN-4010	10	10	10	10	10
Escorez-5600	60	45	30	15	0
Escorez-2520	0	15	30	45	60

注：T-1307：SIS（TSRC，中国台湾）；KN-4010：Naphthenic Oil（Karamay，中国）；Escorez-5600：C5/C9 Co-tackifier（ExxonMobil）；Escorez-2520：Liquid C5/C9 Co-tackifier（ExxonMobil）。

性质	J059-1	J059-2	J059-3	J059-4	J059-5
$T_g/℃$	19.8	99.9	−0.6	−10.1	−18.3
$G'(25℃)/(dyn/cm^2)$	9.4E5	6.3E5	4.8E5	4.3E5	2.9E5
$G_n^0/(dyn/cm^2)$	2.8E5	3.7E5	3.8E5	3.6E5	2.8E5
$tan\delta_{min}$	0.32	0.29	0.28	0.24	0.24
流动点/℃	82.7	78.5	75.2	72.5	69.6
$T_w/℃$	37	25	16	8	−1
持黏力(4psi)/h	163	24	3	1	0.3

图 5-82　5 个实验热熔压敏胶流变图及 T_w

5.7.3　剪切胶黏性能和高分子分子量的关系

当配方中的 SIS 分子量（MI 或 MFR）不同时，即使是相同比例的配方也会得到不相同的胶黏物性，特别是高温剪切力性能。表 5-10 列出三个不同分子量的 SIS 配方具有相异的高温持黏力和 SAFT。SIS 的分子量越大，高温持黏力（掉落时间）和 SAFT（掉落温度）就越高。从流变性来看，我们可以清楚地从流变图（表 5-10，图 5-83）观察到它们主要差异是发生在高温区，这种现象与纯（100%）SIS 但拥有相异 MI 值的流变性相同。简单来说，含有 MI 值越小或分子量越高的 SIS，在高温区的 G' 越高，tanδ 越低或 tanδ＝1（流动点）的温度值会提高。也因这种流变的变化结果，MI 值越小的 SIS 就会具有较高的高温持黏力和 SAFT。

表 5-10 三个不同分子量的 SIS 有相异的高温剪切力（源于中国台湾万化）

性质	SIS T-1307（分子量 164993）	SIS 1120H（分子量 224236）	SIS 1120（分子量 163843）
高温持黏力（50℃,1/2″×1″）/min	9999	9999	9999
高温持黏力（70℃,1/2″×1″）/min	16/20	29/23	21/23
高温持黏力（80℃,1/2″×1″）/min	12/13	12/14	12/12
SAFT/℃	68/67	78/81	63/69

性质	SIS T-1307	SIS 1120H	SIS 1120
T_g/℃	−1.0	0.9	0
$tanδ_{max}$/℃	49.5	48.7	47.9
$tanδ_{min}$/℃	0.130	0.138	0.129
G_n^0/(10^6dyn/cm^2)	1.22	1.25	1.25
流动点/℃	123	>150	115

图 5-83 三个不同分子量 SIS 的流变图（源于中国台湾万化）

从以上的流变研究，可以得到以下的结论：①SIS 1120、SIS 1120H 和 SIS T-1307 的 T_g 相似。因此可以判断它们的初黏力和剥离力相似；②从流动点高低，可以判断分子量大小的顺序是 SIS 1120H＞SIS T-1307＞SIS 1120，实测结果也证实分子量大小顺序有此趋势，因此我们判断高温持粘力和耐热剪切性能高低的顺序是 SIS 1120H＞SIS T-1307＞SIS 1120；③从 $\tan\delta_{\min}$ 区域也可以判断 SIS T-1307 的两嵌段含量相对较高。

5.7.4 剪切胶黏性能和角度，荷重量与温度之关系

马来西亚的亚太公司（Adtek，Malaysia）用不同份数矿物油，10％～30％（表 5-11），在不同悬挂角度（0°～180°）（图 5-84）及不同温度下（25℃，40℃，50℃，60℃），荷重量在 2psi 做的持黏力研究。

表 5-11　实验配方

原料	10％油	15％油	20％油	25％油	30％油
基础油＋KRW-100	10	15	20	25	30
Zeon Quintac 3433N	40	35	30	25	20
Eastman C-100R	50	50	50	50	50

注：矿物油：基础油/KRW-100（1/9）。目的：使每一个测试配方有类似的 T_g。

0°　　45°　　90°　　135°　　180°

▨ 钢板　　▥ 基材　　▩ 胶黏剂

图 5-84　不同悬挂角度下的持黏力

这 5 个实验配方的流变性如图 5-85。T_g 相似，G_n^0 很明显地随着矿物油份数的增加而下降。这意味着配方的内聚力或重均分子量会随着矿物油份数的增加而明显地降低。除此外，$\tan\delta = 1$（热流动点）也会随着矿物油份数的增加而降低。持黏力会因为 G_n^0 显著降低 $\tan\delta = 1$ 降低而下降。

图 5-85　加 10%~ 30% 矿物油的流变性（源于 Adtek, Malaysia）

从图 5-86 的纵向结果（脱落时间）可以很清楚地看到持黏力脱落的时间会随着矿物油份数的增加而降低。此外，亦可看到持黏力脱落的时间会随着测试角度增加而降低。实验发现，角度在 135°时的持黏力脱落时间最低。这与剥离力最低点发生在约 135°相同。

相同矿物油份数，在不同测试温度及角度下的持黏力结果如图 5-87。

当荷重量降低时，如 1000g 降到 500g 及 250g（全部是 $1''\times1''$ 的贴合面积），持黏力测试于相同温度下及角度下，值会上升（图 5-88）。

(a) 持黏力(25℃)

(b) 持黏力(40℃)

(c) 持黏力(50℃)

(d) 持黏力(60℃)

图 5-86　持黏力在 25℃、40℃、50℃、60℃下随着不同矿物油份数和测试角度而变化

（源于 Adtek，Malaysia）

(a) 持黏力(10%油)

(b) 持黏力(20%油)

图 5-87

(c) 持黏力(15%油)

(d) 持黏力(20%油)

(e) 持黏力(25%油)

(f) 持黏力(30%油)

图 5-87　10%、15%、20%、25%、30%矿物油在不同测试温度及角度下的持黏力

（源于 Adtek，Malaysia）

图 5-88

(c) 荷重(500g，50℃)

(d) 荷重(500g，60℃)

(e) 荷重(250g，25℃)

(f) 荷重(250g，40℃)

(g) 荷重(250g，50℃)

(h) 荷重(250g，60℃)

图 5-88　不同荷重量下有不同的持黏力

第6章

影响热熔压敏胶的其他变量

6.1 热熔压敏胶的厚度效应

在前面章节中已经简要讨论了胶层厚度对剥离胶黏性能的影响。除了剥离胶黏性能外，在大部分技术数据表中通常包含了四种主要的热熔压敏胶的胶黏性能。这四种性能分别是180°剥离力、初黏力、持黏力和剪切胶黏失效温度（SAFT）。在一个固定的背材上，以下是胶层厚度的增加对热熔压敏胶性能产生影响的总结。

（1）180°剥离力提高　较厚的胶层由于在剥离前端发生的变形较大，总能量耗散较高。这种关系如图6-1所示。不管在什么温度下，较厚的胶黏剂总是比薄层的胶黏剂得到较高的剥离力。

（2）初黏力提高　和剥离行为类似，在环形初黏力、探针初黏力和快黏力等初黏力检测中，较厚的胶层将会得到较长的剥离胶腿，因此产生较高的分离力。即使是PSTC-6和J-Dow's斜坡滚球初黏性也会随着胶层厚度增加，分别使移动距离减少和球号上升。

（3）持黏力降低　背材和试验板之间抗流动或剪切性能会随着胶层厚度的增加而降低。当胶层厚度增加时，在相同的荷重下分子链较易于解纠缠。

（4）SAFT轻微降低　尽管在SAFT和室温持黏力测试中，热熔压敏胶试样的几何形状和分离行为十分类似，厚度对SAFT结果的影响并不显著。这是因为SAFT试验中热熔压敏胶处于恒速升温的条件下，而不是在固定温度下进行试验。胶黏剂的分子链随着加热逐渐解纠缠。胶黏剂在高温下对背材和试验板之间抗流动性的影响并不明显和重要，取而代之的是胶黏剂内部的强度或内聚力成为影响SAFT试验的主要参数。而此影响内聚力高低的主

图 6-1　不同厚度热熔压敏胶 180°剥离力与温度的关系

要控制函数则是提供物理性交联的苯乙烯聚团。

　　尽管胶黏剂厚度确实提高了剥离和初黏性能（图 6-2），但是也没有必要在所有场合下都提高胶层厚度。在实际应用中，减少胶黏剂用量来降低产品成本始终是非常重要的。一个合适的胶黏剂配方除了应该根据市场的需要提供最优化且平衡的胶黏性能外，同时又能以较薄的胶层厚度来降低成本。然而，胶黏物性在不同的厚度区域却呈现着不同的斜率。在较低厚度的区域斜率较大，这意味着胶黏物性在此区域对于涂胶厚度相当敏感。只要有轻微的厚度变化都会明显地改变胶黏物性。而导致涂胶层厚度不均匀或是不稳定的主要因素是涂胶设备不够精密和纸张密度不够平整所造成。如果没有相当精准的涂胶设备和很好的纸张，为了保障能获得市场的最低物性要求，通常需要尝试将涂胶厚度适度增加。但是，这种做法反而会增加整体的成本。很多涂布厂商仅测试整个大卷的用胶量来计算平均上胶厚度，而忽略了不够精密的涂胶设备和不够平整的纸张密度所造成的误差，而没有实际测量涂布的真实厚度，往往就得不到预期的平整厚度和胶黏物性。

图 6-2　环形初黏力和胶层厚度的关系

6.2　剥离测试前滞留时间对压敏胶剥离性能的影响

　　所有的压敏胶在受压贴合到被贴物表面时都有一定程度的瞬间变形。压力撤去后，压敏胶可能继续变形。不论是持续润湿被贴物或是逐渐反弹回复，程度需视压敏胶的流变性。在不同的时间段都会得到不同程度的胶黏力。图 6-3 说明了三种剥离力变化的可能性：上升，不变和下降。大部分没有经过交联反应的溶剂或水性压敏胶在压力移除之后都有较高的倾向继续在被贴物上润湿。图 6-4 为一个代表性溶剂型压敏胶剥离力随着滞留时间延长而上升的图形。开始短时间润湿的破坏模式可能是黏附破坏（AF），经过一段较长润湿时间后又会变成了内聚破坏（CF）。当胶黏剂和被贴物之间的胶黏力大于胶黏剂本身内聚力时，就会出现这种 AF 变成 CF 破坏模式的转变。对于内聚力或弹性很大的压敏胶来说，剥离力通常不会随着滞留时间的延长而产生很大的变化。这是因为它们在较小的压力下，本来就不太容易变形，也因此不容易与被贴物紧密接触，当压力移除时也就没有持续向被贴物润湿的倾向。

图 6-3　剥离力随着滞留时间延长而改变的三种可能性

图 6-4　一个代表性溶剂型压敏胶剥离力和滞留时间的关系图形

　　根据压敏胶的流变图形，大部分没有经过交联反应的溶剂或水性压敏胶的损耗角正切值（tanδ）在温度高于室温时多数是持续升高的。根据时温叠加原理，在高温下测定的胶黏剂性能与在长的滞留时间后测定的数据基本上是一致的。换句话说，如果压敏胶在较长的时间里能够流动得较多，它在高温下通常也具有较高的 tanδ。

　　大部分通用型热熔压敏胶都是以苯乙烯-异戊二烯-苯乙烯嵌段共聚物（SIS）为基体的。根据不同的应用目的，大部分 SIS 基热熔压敏胶的 tanδ 最小值都出现在 40～60℃左右（图 6-5）。tanδ 最小值的温度标示着分子链运动开始解纠缠的临界温度。因此，在这个临界温度（如 40～60℃以下的温度）以下，分子链的缠结提供了相当大的内聚能。tanδ 是变形的一个指标，在室温下显示出较高 tanδ 的热熔压敏胶在贴合阶段就有更好的润湿或变形能力。对于大部分通用型热熔压敏胶来说，tanδ 从室温开始会随着温度的升高而逐渐降低，直到达到一个最低点。理论上，通用型热熔压敏胶在较高温度下，由于 tanδ 的降低会逐渐从被贴物上回弹。在我们的生活经验里，我们通常可以靠吹风机将牢固贴在物体上的商标纸加温后轻易剥离。这是因为当我们将商标上的压敏胶的温度提高时，降低了 tanδ。换句话说，剥离力在较高温下实际上是会降低的。在这个温度范围内，剥离力的变化程度实际上取决于 tanδ 的改变程度。当温度很高并超过 tanδ 最小值时，由于分子间解纠缠或滑移的趋势急剧增加，剥离力也会急剧下降同时显示出内聚破坏模式。

图 6-5　代表性 SIS 基热熔压敏胶流变图

想要减少剥离力随着不同滞留时间而变化的趋势，热熔压敏胶需要从室温开始一直到高温都应具有非常平坦的 tanδ 曲线。这种特点说明了热熔压敏胶的损耗或润湿行为与温度和时间的依赖性较少。通过选择适当结构的 SIS 和增黏剂是有可能实现这种独特的流变特性。在实际应用中，在长滞留时间后得到较高的剥离力并不一定是一个必要的特性。在某些终端应用中，比如卫生巾定位用的背胶（positioning adhesive），为了在使用之后较容易从底裤撕下且不会残胶于底裤的目的，就需要有较低的长滞留时间剥离力。通常，它们的初始剥离力要较高来确保固定的效果，但是在使用一段时间后反而需要降低剥离力来脱离被贴物。

在实际应用中，大部分压敏胶带和标签都是要粘在被贴物上一段时间后再被移除或揭下的。实验室中通常只有提供短滞留时间的剥离性能。这些检测结果可能无法正确预测它们在终端应用市场中实际的胶黏性能。理想情况下，除了根据各种实验标准的 1～40min 短滞留时间的剥离性能检测外，长期滞留时间（例如，1d 到数周）的剥离力也应该进行检测和报告。

6.3　面材对热熔压敏胶的影响

胶带和标签用途的热熔压敏胶在涂布于各种纸张和塑料薄膜等特定面材后，经过长期储存，胶黏性能经常会发生变化。大部分的配方设计人员和用户容易经常误以为胶黏性能的变化是由于热熔压敏胶在生产、加工和/或储存过程中发生老化造成的。实际上，除了老化效应外，热熔压敏胶和所选用面材的搭配才是物性变化重要的原因之一。

大部分 SBC 基热熔压敏胶都含有一定比例的低分子量增黏剂和矿物油。在涂布之前，这些低分子量物质均匀地分散在 SBC 基体中。在前面的章节中已经提过，姑且可以将 SBC 高分子视为溶质，而将低分子量增黏剂和矿物油视为溶剂，混合均匀的热熔压敏胶称为固态溶液。当热熔压敏胶通过高温被涂布在特定的面材上后，这些低分子量物质的分子会开始发生运动。热熔压敏胶本身或含有低分子量可塑剂面材中的低分子量物质都可能在接触接口之间互相穿梭。也就是说，低分子量的增黏剂，矿物油和可塑剂都可能会穿过接口进入对方的母体当中。图 6-6 表示热熔压敏胶中的低分子量成分移行进入了面材。反过来说，如果面材中存在有任何低分子量物质时，它们也可能穿过接口扩散到热熔压敏胶中。图 6-7 表示软质 PVC 中的塑化剂 DOP 会移行到热熔压敏胶中。移行或渗透的程度很大程度上取决于这些低分子量物质的分子量和极性，所用面材种类和孔隙度（或密度），成品储存时的时间、温度和压力等。如果热熔压敏胶中的低分子量成分与面材的兼容性较佳，且面材孔隙度较大，就有较多的移行发生。当然，胶带和标签成品储存时的时间延长，温度较高和压力较大时也会加速低分子量物质的移行。一旦发生了移行，初始的热熔压敏胶配方就会出现比例上的变化，胶黏性能也因此会受到影响。这些物性变化会随着时间的延长而不停改变。

移行的程度可以很容易地通过热熔压敏胶老化前后的流变性来观察。从研发配方的角度，可以利用高温等同于长时间来加速老化，依此来预测产品长时间储存后的移行现象。涂有热熔压敏胶的胶带和标签试样在高温下（例

图 6-6　矿物油或增黏剂移行渗透到面材

图 6-7　低分子量 DOP 从 PVC 移行渗透到热熔压敏胶

如 80℃）加速老化一段时间后，热熔压敏胶的流变行为通常会发生明显的变化。当热熔压敏胶中的矿物油移行到面材后，配方的玻璃化转变温度（T_g）会升高。图 6-8 中的流变图透露了配方中的部分矿物油已经移行到 PP 合成纸内。除了 T_g 上升外，G' 也会上升。这种现象暗示着配方中 SBC 的百分含量在老化之后相对略微增加了。也可以说配方中的矿物油（低 T_g 的成分）的百分含量相对降低了。与此类似，当配方中高 T_g 的增黏剂发生移行时，它的 T_g 就会降低。图 6-9 呈现出配方中的增黏剂移行到 PP

膜前后的流变行为。事实上，在多数情况下，低分子量矿物油和增黏剂可能会同时移行到面材。我们可以从 T_g 和 G' 的变化情形和程度来概略判断哪一种材质的移行情况较为严重。或许我们也可以通过其他的分析仪器来明确地判定移行物质的种类和比例。如果低分子量物质是从面材中被抽出而成为热熔压敏胶的一部分，配方的 T_g 和 G' 也会发生相应的变化。具体的变化情况取决于抽出物质本身的 T_g 及该物质和热熔压敏胶中各成分的兼容性。除了 T_g 和 G' 会变化外，其他的流变性质也会受到低分子物质移行的影响。

图 6-8　热熔压敏胶中的增黏剂移行渗透到 PP 合成纸面材，T_g 上升

当真实应用世界的胶黏物性发生经时老化时，大部分的热熔压敏胶配方设计人员可能会倾全力尝试改善热熔压敏胶的耐热老化性。遗憾的是，这些努力通常无法解决因为低分子量物质在热熔压敏胶和面材之间移行所造成的困扰。要改善这些困扰，唯一的治本方法是在面材的涂胶面上预先涂上一层可以防止低分子量物质移行的惰性底涂剂（图 6-10）。

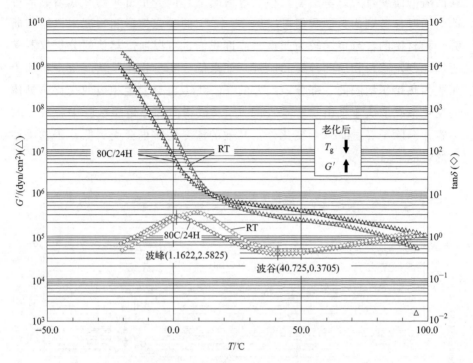

图 6-9　热熔压敏胶中的增黏剂移行渗透到 PP 合成纸面材，T_g 下降

图 6-10　底涂层是防止低分子量物质移行到面材或热熔压敏胶的治本方法

6.4　热熔压敏胶的室温和低温性能

大部分热熔压敏胶都是为在室温或有空调的环境下使用而设计和开发的。这也是为什么胶黏物性标准测试方法中的温度都被设定在 23℃ 或 25℃ 的原因。一种能在室温下展现出优异压敏胶黏性能（如剥离力和初黏力）的热熔压敏胶，却可能会在室温以下的温度或更低温只表现出差强人意或不满意的性能。如果在室温和低温同时需要良好甚至优异的胶黏性能，热熔压敏胶配方设计人员可以开发出满足这种要求的最佳产品吗？

在北美洲和西欧国家，在不同的地域和不同的季节，室内外的气候和温度有时会有很大的差异，然而，大部分热熔压敏胶都是为有空调的室内使用而设计的。一些需要在低温环境应用的热熔压敏胶，如放置于冰箱/冰柜中的产品，则需要经过特别的设计，它们并不会被用在室温中。但是，在其他一些国家的情况就不同了，比如印度和中国，不管是什么样的气候和季节，在工厂、办公室或房间内并不一定有空调。专为室温（如 25℃）使用而设计的热熔压敏胶可能在冬天时就不能用了。市场上通常不会接受供货商提供不同的产品用在不同温度的环境。因此，在这些地区就需要提供温度使用范围较宽的热熔压敏胶。

有可能开发出在室温和低温同时能够提供优异胶黏性能的配方吗？要回答这个问题之前，我们首先需要了解热熔压敏胶为什么能够在室温提供满足需求的压敏胶黏性能。尽管有很多假说曾经解释材料在室温产生压敏性的原因，近年来大部分胶黏研究人员都相信且接受出现这种独特行为的首要原因与胶黏剂配方的玻璃化转变温度（T_g）有关。在流变学的检测中，将低温区钟形的损耗角正切曲线（tanδ）的峰值温度规定为 T_g。聚合物分子链在 T_g 附近会显示出较大的自由体积或较大的流动性质（图 6-11）。

以 10r/s（约 1.59Hz）摆动频率的流变学检测中，大部分室温下使用的通用型热熔压敏胶的 T_g 在 0～10℃ 的范围内。在前面的章节里讨论过，初黏力和剥离力通常随着 T_g 的降低而下降。而要改善低温柔性或胶黏性能，就必须将热熔压敏胶的 T_g 设计到较低温区。当整个损耗角正切曲线朝低温一端平移使 T_g 降低时，在较低的温度下，热熔压敏胶可以发生较大的流动/润湿性，热熔压敏胶剥离时也因此会产生较大的能量耗散。因此，低温胶黏性能就可以获得改善。遗憾的是，当损耗角正切曲线朝低温方向平移时，在室温区的损耗角正切值（tanδ）却同时降低了（图 6-12）。这意味着热熔

图 6-11　典型的室温用通用型热熔压敏胶的流变曲线

图 6-12　相同温度坐标下 tan δ 值的变化

压敏胶在室温下的流动/润湿性也降低了，室温压敏胶黏性能也因此同样降低了。

根据以上的说明，理论上没有任何热熔压敏胶可以同时在室温和低温下同时都获得优异的胶黏性能。然而，在技巧上，如果配方设计人员能够设法将热熔压敏胶损耗角正切曲线的钟形形状升高或加宽，在略微牺牲室温胶黏性能情况下，应该可以获得温度使用范围较宽的压敏胶黏性能。下面是三个配方设计时的参考技巧：①选择中嵌段（橡胶相）比例较高的 SBC；②选择中嵌段分子量分布较宽的 SBC；③选择与 SBC 中嵌段略微不兼容的增黏剂。

6.5　热熔压敏胶的耐低温和耐高温性能

在很多热熔压敏胶生产商和用户的刻板印象中，热熔压敏胶不可能同时具有耐低温和耐高温的性能。多数人认为这两种性能是相互矛盾的，因此很难兼顾。这种想法有点草率和武断。我们已经通过流变性能证实室温和低温性能确实无法兼得，但并没有说耐低温和耐高温性能是不可兼得的。

制造热熔压敏胶的主要热塑性弹性体是苯乙烯嵌段共聚物（SBC），它兼具橡胶和塑料的特性。从流变性能来探讨，这类共聚物通常具有两个明显的转变区：橡胶相的玻璃态到橡胶平台区的玻璃化转变区，以及塑料相从橡胶平台区到黏流（或熔融流动）态的软化区。图 6-13 说明各种不同分子结构的 SIS 或许具有不同的流变行为，但是都具有两个明显的转变区。这两种转变区相互独立，在发展 SBC 时，可以通过分子量、分子量分布、橡胶/塑料（S/B）和二嵌段/三嵌段组分等聚合物分子结构进行设计。发展配方时，SBC 和各种增黏剂或矿物油的混合物也会对玻璃化转变和软化区的状态造成显著的影响。

热熔压敏胶的耐低温和耐高温性能和这两个转变区的状态或温度区间有关系。对于苯乙烯-异戊二烯-苯乙烯（SIS）嵌段共聚物基热熔压敏胶来说，它的玻璃化转变温度（T_g）会受到橡胶相和增黏剂或矿物油的兼容性和比例影响而改变。当 T_g 较低时，耐低温性能就比较好。热熔压敏胶的耐高温性能则与高温流动点（$\tan\delta = 1$）有关。在此流动点，苯乙烯（塑料）为主体的相开始软化，从略具有抗张强度（苯乙烯的物理性交联）的橡胶态进入没有内聚力的黏流态。热熔压敏胶的高温区流动点受到苯乙烯相的比例和整体 SBC 分子量大小的影响。通常，所选用 SBC 的苯乙烯含量较高或整体

图 6-13　各种不同分子结构 SIS 的流变曲线

SBC 分子量较高（*MI* 较低）时，热熔压敏胶可以呈现较高的流动点或具有较好的耐高温性能。

6.6　热熔压敏胶的耐高温性能探讨

目前，市场上绝大多数的热熔压敏胶都是针对室温下的某些具体胶黏性能而开发或设计的通用型产品。在真实的应用世界中，并不是每一种热熔压敏胶都需要具有耐高温的特性。

耐高温性热熔压敏胶对于汽车用内饰或能够粘贴在汽车内部使用的产品来说是必要的。这是因为在某些地区的夏季，汽车内部的空气和某些金属配件的温度可能会超过 90℃。在这种高温环境中，大多数 SBC 基的热熔压敏胶都会开始软化。因为应用的环境温度已经接近或超过配方中苯乙烯物理性交联相的软化点，介于 90～110℃。因此，在一定的剪切力作用下热熔压敏胶会开始流动或移动。

如何以 SBC 为基础设计或开发出耐热性特别高的热熔压敏胶，长久以来是大多数热熔压敏胶配方设计人员的一个主要难题。近年来，多数胶黏剂制造厂都专注于开发并生产可紫外线（UV）或电子束（EB）固化的热熔压敏胶，并以这些产品来满足真正需要耐高温性能要求的市场，尤其是在汽车和电子行业的应用。然而这些昂贵的原料加上较复杂的涂胶工艺，迫使许多使用者仍然期望在可接受的温度范围内可以持续使用传统的 SBC 基热熔压敏胶。

在某些应用中，或许耐高温性能并非需要达到想象中那么高。举例来说，很多热熔压敏胶的生产商和用户都期望以货柜运输热熔压敏胶粘接的货品时具有很高的耐热性。夏季时，货柜内部的实际温度到底是多高？热熔压敏胶在被粘接的货品中的实际温度又是多少？很多人认为货品在货柜内部的温度可能是 80℃ 上下。为了安全起见，期望热熔压敏胶的耐热温度可以高达 90℃。为了实际验证货柜内部日夜实际温度的变化，可以在货柜内部使用浮式温度计来记录运输过程中全部的温度历史。经过实测结果，许多人发现，货柜内部最高的温度是 65℃ 上下，而非 80℃ 或 90℃。而 65℃ 也只是货柜内空气的温度，并不是存在于被粘接货品中的热熔压敏胶温度。这些热熔压敏胶事实上都被进一步深藏在各种纸盒和纸箱的内部。因此，这些粘接在货品上的热熔压敏胶的实际温度很有可能都低于 55℃。对于这些应用产品，就可以持续使用传统的热熔压敏胶。

如果在实际的某些应用中确实需要承受较高的服务温度时，例如，用于输送热风的管道胶带（duct tape），SBC 基热熔压敏胶的耐高温性能可以通过下列方式来提高流动点（$\tan\delta = 1$）。

① 选用较高分子量（MI 较低）SBC。

② 选用和橡胶相很兼容却和苯乙烯相不太相容的较高软化点的增黏树脂。

③ 提高配方中 SBC 的体积或质量比，或者说是需要减少增黏剂和矿物油的用量。

④ 引入少量高软化点（通常高于 140℃）的芳香族（C_9）石油树脂（图 6-14）。

并不是每一种 C_9 树脂都能作为补强剂使用，了解这一点非常重要。α-甲基苯乙烯（AMS）的溶解度参数（δ）为 8.7，是 SIS 基热熔压敏胶最常使用的补强剂。添加 AMS 于配方时，在橡胶平台低于热熔压敏胶软化点的

（乙烯基甲苯）　　　　　　（双环戊二烯）　　　　　　（茚）

（甲基苯乙烯）　　　　　　（苯乙烯）　　　　　　（甲基茚）

图 6-14　芳香族（C₉）石油树脂

温度范围内，AMS 通常可以轻微提高 G' 或内聚力。但是在热熔压敏胶软化点以上的熔融态时，AMS 反而可以成为苯乙烯相的固体溶剂，降低热熔压敏胶的熔融黏度。因此，只有高分子量的 AMS，如软化点在 $140\sim160℃$ 的 AMS，才能真正为热熔压敏胶提供良好的耐热性。对于 SBS 基热熔压敏胶而言，由于 AMS 的溶解度参数（$\delta=8.7$）与丁二烯（$\delta=8.4$）过于接近，可以同时与丁二烯相和苯乙烯相（$\delta=9.1$）相容。因此，可能无法顺利补强 SBS 的苯乙烯相，反而会因为与丁二烯中间嵌段兼容而产生增黏的作用。因此，使用 AMS 于 SBS 基热熔压敏胶内时，可能无法补强反而会降低热熔压敏胶的耐热性。一些分子量分布很宽的 AMS 也可能还会和异戊二烯中间嵌段（$\delta=8.1$）部分兼容。类似于 AMS 对 SBS 的影响，它们也有可能削弱了 SIS 基热熔压敏胶的耐热性。

　　理想的 C₉ 补强树脂应该和 SBC 的中间和末端嵌段都不会互溶。它们的作用只是一种透明的有机填料，就好像是纸张中的填缝料一样，可以嵌在 SBC 基体的网络中。C₉ 树脂的尺寸（或分子量）与补强的效果有显著的关系。如果 C₉ 树脂的尺寸太小，就无法在分子网内获得明显的抗剪切阻力。相反，如果 C₉ 树脂的尺寸过大，则不能嵌入到分子链网络中，反而会成为分子间的润滑剂，对热熔压敏胶的耐热性造成不利影响（图 6-15）。因此，只有尺寸适中的 C₉ 树脂可以正好嵌入分子网中，尽可能地减少剪切作用下的变形和滑动（图 6-16）。这样，就能有效地改善热熔压敏胶在更高温度下的耐热性。

受力拉伸前　　　　　受力拉伸后

图 6-15　较大尺寸 C_9 树脂可能造成的分子网滑移

没有补强剂　　　　　添加补强剂

受力拉伸前

受力拉伸后　　　　　形变量小

图 6-16　尺寸适中的 C_9 树脂可以减少网络滑移

6.7　热熔压敏胶的室温及高温剪切性能探讨

能够影响热熔压敏胶剪切或持黏性能的决定性分子参数到底是什么？大部分的胶黏研究者都认为 M_e（entanglement molecular weight，两个缠接点之间的分子量）是剪切性能的主要控制参数。然而，当两个 M_e 相似的高分子或是相同一个高分子为基础所配制出来的热熔压敏胶呈现了差异很大的剪切力或持黏力时又该如何解释？下面将从热熔压敏胶的流变性来探讨可能影响剪切性能的几个参数。

（1）热熔压敏胶的玻璃化温度（T_g）　热熔压敏胶的 T_g 从很低温升到室温（23～25℃）上下时，剪切性能会随着 T_g 上升而提高。根据流变学的检测，试验温度（室温）下损耗角正切值（tanδ）通常会随着配方 T_g 的上升而提高。损耗角正切值（tanδ）越高，被测试的热熔压敏胶的流动或润湿性也就越好。但是，如果 T_g 过高（如接近室温时），在测试温度下，G' 会在进入玻璃化转变区而急剧升高。如此，在一般标准测试或真实使用的压力下，热熔压敏胶与被贴物的接触面积可能会有一定程度的损失，而造成后来测试剪切性能时的失效时间降低。要明确验证这个参数，需要进行很多的基础研究工作。方能将在固定测试温度和压力下，将可发生最大剪切性能的 T_g 值精确定位下来。从实验的角度来说，如果可以设计出一系列呈现出相同 G_n°、仅仅是 T_g 不同的热熔压敏胶配方，就有可能通过 T_g 和试验温度之间的固定温度差（ΔT）来发现具有最高剪切性能的配方。

（2）热熔压敏胶损耗角正切的最小值和温度（tanδ$_{min}$）　除了 T_g 的效应外，经验证明，随着损耗角正切值的最小值（出现于橡胶平台区中心位置）降低到一定值，剪切性能得到提高。这是因为呈现损耗角正切值较高配方的分子链解缠结的行为较容易进行。但是，当损耗角正切值低于该一定值后，剪切力反而会降低。热熔压敏胶变得较具有弹性，因此失去了在分子链中通过逐渐解缠结来消散剪切应力的能力。因此会呈现热熔压敏胶和被贴物之间的层间分离，即附着失效模式（AF，没有热熔压敏胶残留在被黏表面），而不是表现出常见的内聚失效模式（CF，有热熔压敏胶残留在被黏表面）。在一定的荷重之下，或许存在着一个临界的损耗角正切值能获得最高的剪切性能。这个值意味着失效模式出现在内聚失效（CF）和附着失效（AF）之间的转变或竞争。除了损耗角正切的最小值外，发生此最小值的温度高低也是影响剪切性能的重要参数之一。实验证明，损耗角正切的最小值所发生的温度越高，剪切性能就越好。

（3）热熔压敏胶橡胶平台的弹性模量（G'）　根据大多数研究人员的发现，M_e 值是影响剪切胶黏性能最重要的参数之一。这是因为，缠结点间的 M_e 越大，高分子解缠结所需的时间越长，能量耗散也越多。因此得到的剪切性能也越高。这种假说的基础建立在 T_g 和损耗角正切最小值都非常相近的热熔压敏胶。根据流变学的测量，热熔压敏胶具有较大的 M_e 时，在高温或是长时间区段会显示出较高的储能模量和较低的损耗角正切值。对于相同的 SBC（苯乙烯嵌段共聚物）基配方，如果我们仅仅选择苯乙烯含量不同但二嵌段百分比相同，MI 相似的 SBC，就可以很容易地得到不同水平高度的橡胶平台弹性模量（G_n^o），同时 T_g 和损耗角正切最小值又不会受到影响。通过这一系列的配方设计，或许能够发现特定 G_n^o 值与最大的剪切性能的关系。不过，实验发现，即使选择不同苯乙烯含量的 SBC 作配方，因为总苯乙烯含量在多数热熔压敏胶整体配方中所占的比例太低，而无法明显地改变橡胶平台弹性模量的高度。也因此，配方者很难通过调整 SBC 的苯乙烯含量来明确评判 G_n^o 与剪切性能的关系。

（4）热熔压敏胶的极性　热熔压敏胶的极性对初黏性、剥离力和剪切强度等胶黏性能都有某种程度的影响。理论上来说，所有胶黏性能都会随着配方中添加和高分子兼容的极性成分的比例增加而得到改善。这是因为热熔压敏胶极性可以提高或感应热熔压敏胶和被贴物之间的物理吸附性。当然，极性成分的引入也同时会改变热熔压敏胶的各种流变性质。要证实热熔压敏胶极性和流变性质对剪切性能贡献程度的大小，还需要进行详细的研究。

（5）胶黏剂的交联　很多通过交联的溶剂和水性压敏胶，不管 T_g、损耗角正切最小值和 G_n^o 高低如何，都表现出非常优异的剪切性能。很显然的，这些交联后胶黏剂的分子量变得非常巨大，M_e 也提高很多，因此可以显著提高剪切性能。但是，这个交联反应行为并不会发生于传统的 SBC 基热熔压敏胶。

剪切性能是一种相当复杂的行为。它牵涉了贴合步骤中的各种压合条件（荷重量和环境温度等因素）和配方的流变性。似乎没有一种简单的分子参数可被归结为控制剪切性能的唯一因素。要明确了解上述参数与剪切性能的相关性与贡献程度，进行一系列细致的基础研究工作是不可或缺的。

如前所述，室温剪切性能会受到热熔压敏胶 T_g、G_n^o、损耗角正切最小值和极性的影响。但是，室温剪切性能好的热熔压敏胶并不一定同时能表现出很好的高温剪切性能。实际上，室温和高温剪切性能分别由 SBC 中不同的分子结构所控制。物理性交联的苯乙烯相所提供的内聚强度被认为是影响高温剪切性能的主要因素。所有 SBC 中苯乙烯相的软化点都在 100℃ 左右。所以，不管室温剪切性能高低，大部分 SBC 基热熔压敏胶的 SAFT 多在

100℃以下就失效。要改善高温剪切性能，除了需要选择适当的 SBC 为基础外，例如苯乙烯含量高和 *MI* 低，还需通过末端嵌段补强剂（例如，芳香族树脂）来提高耐高温的剪切性能。

6.8　热熔压敏胶的工作温度范围

很多热熔压敏胶的使用者和配方发展者都很想知道热熔压敏胶的工作温度范围。当然，热熔压敏胶的工作温度范围确实和测试方法有关，通常，在测试时低于 T_g 的温度时，热熔压敏胶会呈现玻璃态（glassy），而在 tanδ 最小值的温度以上时，热熔压敏胶的高分子链会开始解纠缠，失去热熔压敏胶应有的内聚强度。因此，一个热熔压敏胶的工作温度范围是 tanδ 最大值，即 T_g，和 tanδ 最小值之间的温度差值。热熔压敏胶的工作温度范围也和所使用的高分子，如 SIS，的分子量有关。分子量越大，通常可工作的温度范围就越宽。因为热熔压敏胶配方的 T_g 不会改变，但是 tanδ 最小值会随着分子量增高而提高温度。图 6-17 为代表性热熔压敏胶的工作温度范围。

	J059-1	J059-2	J059-3	J059-4	J059-5
$T_g(\tan\delta_{max})$/℃	19.8	9.9	-0.6	-10.1	-18.3
$\tan\delta_{min}$/℃	58	51	42	36	30

图 6-17　热熔压敏胶的工作温度范围

6.9　影响热熔压敏胶性能测试结果的其他因素

热熔压敏胶都有三种主要的压敏胶黏性能需要测定和报告，分别为初黏性、剥离力（通常是 180°剥离）和剪切力（或持黏力）。在某些特定的应用场合中还需要测定耐热性（也就是剪切胶黏失效温度，SAFT）和耐低温性能。这些胶黏性能的试验方法可以在 ASTM、PSTC、TLMI、FINAT、AFREA、JIS 和中国国标等标准试验方法中查到。为了避免各区域间测试方法不同所产生的困扰，最近几年间，全球各区域的压敏胶带组织已制定一套全球统一的检测方法（ISO 29862）。

在前面的几个章节中，已经讨论过温度、速度、厚度、角度、停留时间、面材等会影响胶黏性能的重要因素。除了上述因素外，以下为其他几种可能会影响试验结果的因素。

（1）实验室环境条件　温度和湿度。在实验室内要全年维持恒温恒湿的条件相当困难。如果室内的温度不稳定，试验结果可能会发生变化。根据 PSTC 的附录 A，标准的测试环境条件是 23℃±1℃ 的温度和 50%±2% 的相对湿度（RH）。在气候较湿热的国家，比如中国和东南亚国家，很难实现上面的标准条件。因此，压敏胶测试通常会在 25℃±2℃ 的温度和 65℃±5% 的相对湿度下进行。在前面的章节中已经讨论过试验温度对胶黏性能的影响。热熔压敏胶的 G' 和损耗角正切（$\tan\delta$）等流变性质会受到试验温度的影响。因此，胶黏性能在温度有波动时也会出现变化。湿度也是一个可能影响压敏胶黏性能的因素。大部分的热熔压敏胶本身属于疏水性材料，对湿度并不敏感。然而，对于含有对水汽敏感的水性压敏胶来说，湿度的变化对胶黏物性的影响就较为明显。虽然，也有很多人发现，热熔压敏胶的胶黏性能在不同的湿度环境下测试确实有些变化。这些物性的差异可能是被贴物表面含有过高水汽所造成。胶带贴合时，这些水汽就像一层看不到的微细水膜存在于热熔压敏胶和被贴物之间，导致热熔压敏胶无法顺利地和被贴物表面紧密接触而降低了胶黏性能。另外，对湿度较为敏感的面材和被贴物（如纸、聚酰胺、聚酯、聚氨酯等）在不同的相对湿度环境下，内聚强度可能发生变化，也因此会改变热熔压敏胶的胶黏性能。

（2）面材的厚度　面材的厚度会影响测试样片从试验表面剥离时（如 180°）的曲率半径（图 6-18）。这种面材的厚度几何形状上的差异将对试验结果造成明显影响。将不同厚度面材剥离所需的能量也各不相同。

（3）使用的离型纸或膜　部分没有完全固化的有机硅残留物可能从离型隔离材料表面迁移到胶黏剂表面。由于这些残留的离型剂沾在压敏胶的表面时会显著降低压敏胶和被贴物之间的接触表面积，也因此降低了压敏胶的胶黏性能。通常热熔压敏胶比溶剂型及水性压敏胶还黏，比例上大约是 4：2：

图 6-18 面材的厚度和挠屈性会明显影响剥离力

1。因此，热熔压敏胶很容易将没有完全固化的有机硅残留物从离型纸或膜的表面拉下，发生离型剂转移的现象。表 6-1 为一个相同热熔压敏胶试片接触不同离型纸后所呈现的不同物性。

表 6-1 离型纸对胶黏物性的影响

型号	HMPSA-1		HMPSA-2	
底纸	格拉辛纸	黄色淋膜纸	格拉辛纸	黄色淋膜纸
涂布克重/(g/m²)	20	23	9	9	18
斜坡滚球初黏力,球号	28#	11#	15#	9#	17#

（4）测试片方向 标准测试方法中规定试片需以机械或涂布方向（纵向，MD）切割后测试物性。如果切割方向改变为横向（CD），则测试所得的物性可能会改变。图 6-19 说明六个相同厚度的涂布试样以不同切割方向测试后均获得了不同的剥离力。横向（CD）切割试片所获得的剥离力大约是纵向（MD）切割试片所获得剥离力的 70%。这个例子说明了切割的方向也会影响剥离力。

（5）不同的被贴物 在胶黏原理的章节里已经提过物理性吸附对胶黏性能的贡献。不同的被贴物质具有不同的表面能或极性。这种介于压敏胶和被贴物之间的极性差或物理性吸附能力会明显影响胶黏力。

（6）试片尺寸 每次试验的试片必须按规定尺寸精确裁切。否则将会得到不一致的试验结果。

（7）试验板或滚珠（滚球初黏性测试用）的清洁 清洁试验板或滚珠的标准程序非常繁琐，而擦拭用清洁剂和擦拭纸的选择也相当严格。这些要求对于能否得到重复的试验结果是个非常关键的因素。

（8）试片和试验板的贴合 试片和试验板贴合不够紧密时可能会造成

图 6-19 试片切割方向对胶黏物性的影响

两者之间存在一些小气泡或空洞。这些缺陷将会使测试性能降低。

还有其他一些因素可能对实验室中热熔压敏胶试验结果造成影响。如果要求在不同的时间，用相同的热熔压敏胶做实验，期望获得完全重复的数据是不容易达成也是不现实的。对于这些试验结果来说，±15％的标准偏差值应该是可以接受的。

第7章
热熔压敏胶的应用

7.1　什么是质量好的热熔压敏胶

　　很多热熔压敏胶用户经常要求供货商能提供他们物美价廉或性价比较好的产品，却又无法明确或不想告诉供货商他们实际上需要什么产品，用在什么场合。事实上，几乎没有任何一种热熔压敏胶可以被完美地应用在所有的应用场合里。每一种不同的应用市场或环境可能需要选用不同的热熔压敏胶来满足特定的加工性能和胶黏性能。

　　生产商如何为特定的应用客户选择或发展合适的热熔压敏胶呢？以下为热熔压敏胶使用客户经常考虑的几个问题。

　　(1) 价格　价格并不一定和客户所要求的加工性能或胶黏性能有直接关系。但是，价格和原材料成本、制造工艺、采购量、颜色要求和批次间稳定性有较密切的关系。大部分水白色的热熔压敏胶需要使用经过氢化的增黏树脂，这类树脂通常都比黄色的未氢化增黏树脂昂贵。优质的原材料在正常情况下，不同批次之间的规格差异较小，因此可以生产出较为稳定的产品。然而，这些优质原料通常也比较贵一些。大量生产的产品，整体生产的成本较低，售价也因此可以较低。

　　(2) 品质　真正的质量概念并不完全是指胶黏剂加工的难易度或是胶黏性能的好坏。它的实质意义应该是，每一次生产或提供给客户产品的颜色、透明度、耐老化性、物理性质和胶黏物性是否稳定一致。因此，偶尔才能提供胶黏性能和加工特性都恰好满足客户需求的胶黏剂不可以判定为高质量的产品。一个高质量的产品必须是每一次所生产出来产品的规格都相当接近。通常，选用规格较接近的原材料配合较精致的生产工艺对于优质热熔压敏胶的生产来说都是不可或缺的。在超过170℃以上的混合过程中，高分子的双键很容易与空气中的氧气结合而逐渐劣化。因此，抽真空或提供氮气于加工设备内对于得到质量稳定的产品是一个非常关键的因素。如果高温混合时不抽真空，聚合物材料就很容易在有空气的环境下氧化，产品的老化稳定性就比较差，批次间的物性规格差异也会比较大。

（3）加工性能　如果一个热熔压敏胶在实验室里呈现优异的胶黏性能，却无法在真实的上胶设备被顺利加工，那也不能算是一个好的热熔压敏胶。配方设计人员除了要提供适当的胶黏性能外，还需要根据各种上胶技术（如狭缝形口模、喷胶、纤维状、条状等）的个别特性与限制，将良好的加工性能一并提供给用户。熔体黏度和软化点与热熔压敏胶的熔胶速度快慢较有关系。然而，相同熔体黏度和软化点的热熔压敏胶并不一定能表现出相同的加工性能。加工性能和热熔压敏胶在高温作业时的黏弹性较有关系。如果上胶工厂无法以现有的设备和固定的作业条件顺利上胶，与其不断更换热熔压敏胶的配方，不如在加工条件上做适度的调整。

（4）胶黏性能　大部分热熔压敏胶都是根据市场或客户为导向所发展的产品。要开发一种能适用于所有不同应用场合和使用环境的热熔压敏胶是不太可能的事情。如果一个针对某应用市场开发出来的热熔压敏胶可满足此特定应用市场的需要，这个胶就可以算是一个好的产品。当市场需要一个多用途的产品时，用户必须先明确地理清确实需要的各种性能和目标值，同时思考这些不同的性能之间是否会相互矛盾。任何不符合胶黏原理和科学的胶黏性能都是不可能达成的。唯有明确地说明应用市场所使用的面材、离型纸、被贴物、加工涂布装置和条件、贴合方法、试验方法、性能指针、抗老化性要求、终端客户使用条件等讯息，对于开发最适当胶黏性能的产品来说才是有实质的意义。

7.2　标签用热熔压敏胶应具备的特性

通用型标签用压敏性胶黏剂不论是油性、水性或是热熔型，都必须提供标签足够高的初期黏着力来附着于各种不同的被贴物表面；并迅速发展出适当的剥离力以避免面材或被贴物破裂。近年来，由于环保意识的提高，在欧美国家多半舍弃油性压敏胶而改用水性压敏胶及热熔压敏胶于标签用途。由于水性压敏胶与热熔压敏胶所采用的高分子成分、结构完全不同，用于标签上可展现出个别的特性与优缺点。一般而言，水性压敏胶具有较佳的服贴性及较宽的服务温度范围；但水性压敏胶的初期黏着力及剥离力均不高，对于非极性物质表面缺乏足够的胶黏力。多数热熔压敏胶均具有相当高的初黏性和剥离力可用来胶黏多样化的材质。热熔压敏胶的主要缺点为耐热性（高于70℃）及耐溶剂性（如 PVC 中之 DOP）较差。近年来，胶黏剂业者已不断研发可辐射（紫外线与电子射束）架桥的热熔压敏胶来改善耐热性（可高达120℃以上）及耐溶剂性的本质缺陷。以下各段落将进一步说明热熔压敏胶用于卷标的涂布作业性、热安定性、胶黏物性与后段加工性。

7.2.1 涂布作业性

如上一节所述，热熔压敏胶可以用口模或辊轮涂布（直涂或转涂）于标签上。热熔压敏胶不含溶剂或水，不需要经过烘箱干燥，冷却后可以立即定型，因此可以高速上胶。每分钟的涂布速度最快可达到 500m 以上。为了得到准确的涂布厚度及平整表面，除了要有精密的涂布、收放设备外，热熔压敏胶本身的黏弹性也扮演着重要的角色。一般认为，黏度较低的热熔压敏胶可以在较低的温度作业，并可以较快的速度来涂布。事实上，涂布性的难易主要是取决于热熔压敏胶的黏性（或流动性）与弹性（或回复性）的相对关系。如果弹性过高，流平或润湿性不足，即使黏度低也不容易得到良好的涂布性。反之，如果热熔压敏胶的黏性（或流动性）高，就算其黏度偏高也可以容易地控制涂布胶面的厚度与平整性。

7.2.2 热安定性

一个质量好的热熔压敏胶必须在提供给涂布应用厂商时仍具有良好的抗老化、裂解热安定特性。热安定性不好的热熔压敏胶会在上胶系统高温作业期间快速碳化而附着于熔胶槽壁、加热喉管、口模内部或上胶辊轮上。这些焦化的热熔压敏胶会影响热媒或加热系统的热传导，使得熔胶与上胶时必须不断地提高操作系统温度来熔解热熔压敏胶，更加速了热熔压敏胶的劣化。一个热安定性好的热熔压敏胶，应该具备下列四个基本条件。

（1）热熔压敏胶配方必须添加适当且适量的抗氧化剂　当热塑性高分子在高温、高剪切力下作业时，会因高分子链断裂而产生了活性极强、可导致裂解连锁反应的各种自由基（R·，ROO·，RO·，OH·）。添加适当且适量的抗氧化剂可以降低或终止裂解连锁反应。

（2）热熔压敏胶各成分必须有很好的兼容性　兼容性较好的热熔压敏胶系统会呈清澈透明状，可以长时间储存于胶槽内而不会轻易发生相分离而导致碳化。反之，兼容性不好的热熔压敏胶系统会呈现半透明雾状甚至于完全不透明。此类热熔压敏胶在高温胶槽内长时间受热时，会逐渐发生成分间的相分离，进而产生焦化现象。

（3）制造热熔压敏胶过程中应当充填氮气或抽真空　氧气为造成热熔压敏胶氧化的必要元素。为了防止热熔压敏胶在制造过程中与空气中的氧气接触而被氧化，在混合过程中充填氮气于胶槽内阻绝氧气或抽真空生产实为必要的加工程序。

（4）热熔压敏胶混合完成之后，必须将无法熔解的杂质过滤清除　热熔压敏胶内的杂质可能为投料时不慎带入的异物，如纸屑、纺织物、粉尘或金属；亦可能为从混合槽壁剥落下来，已经炭化的热熔压敏胶或分子量过高而无法熔解的高分子聚合物。如果没有适当的过滤设备，杂质将跟着热熔压敏胶被带入下游的熔胶操作系统内，造成涂胶系统内的滤网阻塞或进一步劣化热熔压敏胶。假如熔胶操作系统也不加装过滤设备，则杂质或焦化物会被带到被涂物表面上。这些杂质除了会造成涂布面污染、产生机械方向直线状刮痕外还可能磨损口模或上胶轮面及刮刀，造成材料与设备的严重损失。

7.2.3　基本胶黏物性

由于标签的应用市场甚为广泛，没有任何单一的热熔压敏胶可完全满足所有不同的用途。通用型标签用热熔压敏胶应具备下列的基本胶黏物性要求：

① 高初期黏着力，使标签能够在瞬间附着于被贴物表面。

② 适当剥离力，使标签在剥离被贴物时能造成自身材破或永久性变形。

③ 持黏力及耐热剪切性（SAFT）在通用型标签应用市场没有特别高的要求。通常，在4psi荷重下，持黏力只要超过10h即可。

7.2.4　储存性与移行

标签在长期储存及运输过程中绝对不能发生标签边缘溢胶或热熔压敏胶内低分子量组分（如软化油和增黏剂）移行到面材与离型纸内之渗油现象。关于移行的问题，我们首先必须了解被贴的面材是什么物质做成的。被贴的物质不管是纸张或塑料薄膜，表面与热熔压敏胶内某种组分的兼容性都很高。热熔压敏胶配方中的低分子量组分就容易移行到面材或被贴物内（图7-1）。同理，在PVC中的软化剂（如DOP）也会移行到热熔压敏胶内（图7-2）。因而改变了热熔压敏胶原来的原物料比例，或是说热熔压敏胶的胶黏性质会因此改变。胶黏物性的改变程度和热熔压敏胶内低分子量组成分及储存时间长短有关。这意味着胶黏物性会随着时间延长而不断改变。透过热熔压敏胶老化前后（图 7-3 为室温与 80℃/24h 比较）的流变物性变化，可以很清楚地观察到流变性变化的程度，也可以预测胶黏物性变化造成的可能原因（图 7-4）。如果能将面材做底涂处理就可以防止低分子量成分移行。这是确保胶黏物性经时稳定的最佳方法（图 7-5）。

图 7-1　热熔压敏胶内低分子量组成分移行示意图

图 7-2　PVC 中的 DOP 移行到热熔压敏胶内示意图

图 7-3 热熔压敏胶老化前后实验

图 7-4 代表性 PP 膜上热熔压敏胶老化前后的流变性变化

图 7-5 加底涂剂于接触接口间

7.2.5 特殊胶黏物性

（1）耐高温性 热熔压敏胶之内聚强度及耐高温性主要来自高分子量的 SBC。以 SIS 为例，I（isoprene）为橡胶相，给予柔软性、着锚、流动及胶黏等物性；S（styrene）为塑料相，在 S 的软化点之下具有物理性交联的功能。可提供硬度、内聚力与耐高温性。S 相本身的软化点介于 90～110℃。如果要以此类 SBC 为主体，再经低分子量的增黏剂和矿物油来改性，使其增黏或软化等，通常会进一步降低 SBC 之耐高温性。想要配制一个耐高温达 90℃以上的热熔压敏胶有本质上的困难与限制。一般型热熔压敏胶的耐热剪切温度（SAFT）通常在 85℃以下。但添加适量的特殊补强树脂于配方内可使热熔压敏胶的 SAFT 提高到 90℃上下。如果需要有超过 100℃以上的高耐热性，则要选用可辐射架桥的热熔压敏胶。耐高温性与热熔压敏胶的涂布厚度也有关系，通常涂布厚度愈高，胶层就愈容易滑动，耐热温度也因此降低。标签的标准上胶厚度约 20～25μm。

（2）耐寒性 耐寒性主要取决于热熔压敏胶配方 T_g 的高低及胶在低温环境下的流动性。SIS 的 I 相，以流变仪测得的 T_g 约零下 55℃（测试频率为 10radian/s）。增黏剂的 T_g 视分子量高低、种类与分子结构，通常介于 5～120℃。当 SIS 与可兼容的增黏剂混合时，I 相的玻璃点会上升，硬度会下降而产生压敏黏性。作为室温用的热熔压敏胶，最佳的 T_g 点大约在 5～10℃。当 T_g 落在此温度范围内时，热熔压敏胶的各种胶黏物性可以获得最适当的组合。如果耐寒性为一项重要要求，则必须在设计配方时，将 T_g 往低温方向调整。比方说，如果想在 0℃ 的环境下获得最佳组合的压敏胶黏性，则热熔压敏胶之 T_g 应当在约 −18℃ 上下。然而，当此热熔压敏胶被拿到室温应用时，它的初期黏着力及剥离力会大幅降低，类似一个具有低黏着力的可移胶黏剂。同理，若将室温用的热熔压敏胶拿到较高的温度（如 40～50℃）环境使用时，压敏胶黏性也会大幅降低。根据上述理论说明，想要得到一个同时在室温和低温都具有高初期黏着力及剥离力的热熔压敏胶在本质上是做不到的。图 7-6 为一典型的耐寒胶的流变图，它具有较低的 T_g。

图 7-6　典型耐寒胶的变图（源于中国台湾宏盛）

（3）对低极性材质（如 PE、PP）的胶黏性　在物理性吸附一节里已经讨论过低极性材质因为表面能量偏低而不容易被胶黏剂润湿、密着。为了弥补此低表面能的缺陷，除了可以在背胶前先以电晕处理低极性材质来增加它们的表面能外，通常也可以选用极性较高的树脂于热熔压敏胶配方内来增强两接口间的物理吸附性。另外，调整热熔压敏胶的流变性也是增进表面润湿性的良方。通常在粘贴环境和条件下，流动性较高的热熔压敏胶对于低极性材质的润湿与密着性较佳，胶黏力也因此可以大幅提高。

（4）翘边性（mandrel test）：常见的经时老化投诉项目是温度与时间的效应所造成的翘边现象（图 7-7）。翘边的程度取决于时间长短，环境湿度高低和面材的残留应力大小和压敏胶的弹性高低。

图 7-7　翘边与温度及时间的关系

7.2.6　后段加工性

理想的标签用热熔压敏胶除了需要满足涂布厂的加工作业性、用户的胶黏物性外，还需要为印刷厂保留良好的后段加工性，如模切（die-cutting）、撕边（stripping）与切张修边（trimming）。相对于水性压敏胶，大部分的热熔压敏胶都具有较高的初期黏着力及内聚力，不论模切、撕边或切张修边都有较高的难度。设备的改良固然可以改善加工性，热熔压敏胶黏弹性的调整及离型纸、膜的离型力高低的选择，也可以改善部分加工过程中所遭遇的困扰。添加填充料（如碳酸钙等）于热熔压敏胶配方内虽然也是一个改善模切性的好方法，但是，填充料会使热熔压敏胶失去透明性，不适合用于透明商标膜。如果填充料细度不足、相对密度过高、热安定性不好或在热熔压敏胶内分散度不佳，都可能造成结粒现象而阻塞滤网，增加维修、停机时间，甚至有刮伤上胶口模及辊轮面的顾虑。由于标签的后段加工过程涉及相当复杂的加工条件，例如，设备精度、模切方式与速度、胶与离型纸或膜之间的离型力等；欲设计一个理想的热熔压敏胶配方确实有极高的难度。想要得到适当的后段加工性，除了需要有较精准的设备外，热熔压敏胶与离型纸或膜之间也应有如下所述的特性。

（1）模切　标签被模切时，斩刀必须利落的同时切开面材及热熔压敏胶而不易被沾。调整刀口角度，在斩刀离开切口的瞬间可降低斩刀与热熔压敏胶的黏着性。而热熔压敏胶则应同时具有较低内聚力与回黏性（或流动性）以利于模切。

（2）撕边　不论撕边的速度快慢，理想的热熔压敏胶应具有适当的黏性能附着于低离型力的离型纸或膜上，不会轻易被剥离脱落。当离型力过高时，会造成撕边断裂现象。如上一段所述，如能调整刀口角度来模切，可降低撕边剥离力，对整体撕边制程有相当程度的帮助。大部分的热熔压敏胶在被起始剥离的瞬间通常会因胶黏剂本身形变或延伸过长而产生较高的起始应力。当此起始应力大于被撕边条的内聚强度时，边条会因此断裂而需要重新停机整理。调整离型纸的离型力、选用强度较佳的面材或增宽被撕边条均为常见的改善方法。如果能从配方上着手设计热熔压敏胶的黏弹性，使其在撕边起始的阶段不会产生较高的应力，应该是解决困扰的最理想方式。当撕边时发现有已模切过的标签连同边条整片从离型纸或膜被剥离脱落时，则需要改用离型力较高的纸或膜。

（3）切张修边　先进的切张修边设备可相当准确且高速执行单张的切张修边工作。但因设备昂贵，不是一般印刷厂所能负担。当整叠标签纸欲准确切张修边时，斩刀会将热熔压敏胶从标签内挤压、拉曳至切张侧面造成所谓的侧面溢胶现象。当连续切张的次数增加时，斩刀的温度会逐渐升高，更加速了溢胶现象同时会使溢出的胶粘于斩刀上。当溢胶累积过多时，必须停机清除这些侧面溢出的热熔压敏胶并擦拭斩刀。为了改善此困扰，业者通常会在斩刀上抹离型剂并吹冷风来增加切张次数，降低停机维护时间。从黏弹性的观点来思考，理想情况是，如果热熔压敏胶具有相当高的弹性，使其在被切断后可立即反弹回缩，就不会因被过度延伸而造成溢胶。

7.3　黏扣带用热熔压敏胶

近年来，黏扣带（魔术贴）已经广泛渗透到人类的日常生活当中。最常见的应用市场有包装、服装、鞋子、行李箱包、家居用品、家具、文具、运输工具、医疗器材、运动器材、建筑等。黏扣带可以很容易地被车缝在大多数的织物上。但是，对于金属、玻璃、混凝土、木材、陶瓷、硬质塑料等无法车缝的被贴物，就需要另外加涂一层压敏胶来粘接。溶剂型、水性和热熔压敏胶或是双面胶带都可以被应用于黏扣带上。然而，由于下列的一些优点使得热熔压敏胶成为较受欢迎的一种胶黏剂。

（1）环境友好　整个热熔涂布系统中没有溶剂挥发和废水产生。

（2）压敏胶涂层厚度高　典型的黏扣带压敏胶涂层厚度是 $200\sim250\mu m$。溶剂型或水性胶黏剂很难通过一次涂布达到这么高的厚度。热熔压敏胶在黏扣带上的一次最高涂层厚度，很容易就可以达到 $500\mu m$。

（3）涂布速度快　热熔压敏胶在的涂胶工艺中不需要干燥烘箱，反而需要在上胶之后以一系列冷却风扇对热熔压敏胶进行冷却和固化。然后立即以离型纸或膜贴合在很黏的胶层表面。

（4）涂层宽度可按照黏扣带的宽幅随意调整或纵向间格涂胶　为了避免上胶表面的两侧边缘漏胶，黏扣带通常都以精确宽度的槽形涂布口模上胶。黏扣胶带的两侧边缘可以保留 $0.5\sim1mm$ 的宽度不上胶。

大部分的热熔压敏胶被涂在黏扣带的背面后，先以离型纸或膜覆盖，卷绕成卷筒状储存。最后再按照市场的实际需要裁成各种尺寸和形状（图 7-8）。

图 7-8　商品黏扣带（源于成铭热熔胶博物馆）

7.3.1　黏扣带用热熔压敏胶的上胶方式

热熔压敏胶的上胶方式有很多种。不论以哪一种方式上胶，热熔压敏胶必须先在熔胶槽内预先加热成熔融状态，再以适当的上胶设备将热熔压敏胶直接喷涂或转印于基材或被胶黏物上。最常用的上胶设备有辊轮（roller）和口模（die）两种。为了满足不同的加工设备与个别特殊背胶制程，通常须提供不同黏弹性的热熔压敏胶。如何同时满足热熔压敏胶的特殊胶黏物性与作业性，需热熔压敏胶生产者、背胶与使用者共同沟通，合作完成。通常，以口模背胶，可接受较宽的稠度范围，约 2000～20000mPa·s。辊轮背胶则需有较低的稠度范围，通常约在 10000mPa·s 以下。稠度较低的热熔压敏胶较易涂布、加工温度亦可适度降低，同时可适用于较不耐热的基材和离型材，如 PE、PP 膜等；但是这类热熔压敏胶的耐热性通常也相对较低。近年来，已有许多新研发的热塑性高分子产品，可用来发展低稠度但同时具有较高耐热性的热熔压敏胶。黏扣带不论是钩带（A）或毛带（B）的背胶面均相当粗糙。为了得到平整的胶黏表面，可将热熔压敏胶以辊轮转涂或口模直接押出于织带背面，再以离型纸或膜覆盖贴合。涂布厚度大约为0.25mm。如果以辊轮上胶，胶面通常较不平整，且无法在织带上胶面的两侧留下空白处。上胶后，织带两侧容易产生侧面溢胶现象。除此之外，热熔压敏胶在开放式的胶槽内不断与空气接触并受到辊轮转动剪切，会加速热熔压敏胶劣化。近年来所组装的黏扣带上胶设备均改用口模背胶。以口模押出背胶有下列优点：①热熔压敏胶着锚佳，防止脱胶；②上胶可留边，避免侧面溢胶；③胶面平整，胶黏物性稳定；④密闭式熔胶槽、胶管及口模设备，可减缓热熔压敏胶老化速度。

7.3.2　黏扣带背胶加工常见的困扰

　　黏扣带背胶加工及后段整理过程中所遭遇的困扰与热熔压敏胶本身的黏弹性及所选用的离型纸或膜都有密切关系。以下为黏扣带背胶常见的问题与解决方法。

　　（1）辊轮机涂布热熔压敏胶时，热熔压敏胶涂层内出现小气泡　辊轮在转动中会很自然地将空气带入胶槽内而产生气泡。在经过刮刀剪切后，大的气泡多可被碾破。但是，热熔压敏胶的稠度太高时，小气泡可能来不及被碾破，即被转贴于织带上而形成包含小气泡且表面不平坦的胶面。升高作业温度固然可以降低热熔压敏胶的稠度使部分气泡释出，但也可能使织带因过热而变形。提供低稠度的热熔压敏胶虽然可改善问题，但此类热熔压敏胶的耐热性通常会降低。另外，织带及其所使用的 PU 定型液都有吸湿性。当含湿量较高的织带被用来背胶时，亦可能在受高温加工的瞬间释出水汽，在热熔压敏胶与织带接口间产生小气泡。使用口模上胶可防止如辊轮上胶方式所引入的气泡于热熔压敏胶内，但使用含湿量较高的织带背胶，仍会造成气泡问题。

（2）背胶贴合离型纸或膜时，热熔压敏胶与离型纸或膜之间无法紧密结合　此现象通常发生于冬天，气温较低的作业环境。在正常的背胶程序中，当热熔压敏胶被涂布于织带上的瞬间温度很高；为了防止织带因过热产生变形、拉伸等问题，必须立即以风扇吹风冷却热熔压敏胶面。但是，当作业环境气温很低时，热熔压敏胶在离开口模后，会快速降温。如果仍以冷风吹胶面，可能会造成热熔压敏胶组成成分瞬间相分离现象。热熔压敏胶会失去表面黏性而降低了与离型纸或膜间的结合力。要解决此问题可以从两方面着手。

① 气温较低时，可视状况关闭冷风扇。气温过低时，应加装热风枪来保温。

② 改用耐寒性较佳的热熔压敏胶。但必须考虑综合胶黏物性是否仍满足市场需求。

（3）背胶后黏扣带冲形困难　背胶后的黏扣带，如果发生裁切或冲形不良可以由下列几个方向来思考、解决。

① 热熔压敏胶的回黏性太高。通常，弹性或内聚力较高的热熔压敏胶其黏性较低，裁切或冲形时的回黏现象较不明显。反之，黏性（流动性）愈高的热熔压敏胶，在裁切或冲形后很容易回黏。在斩刀上抹些离型剂可降低回黏现象，但是，适当地调整热熔压敏胶的黏弹性使其保有适当的黏性而不轻易发生回黏现象实为最佳方法。

② 离型纸的离型力不适当。欲冲形的黏扣带必须配合适当离型度的离型纸或膜使用。如果离型力太低（轻剥离），冲形后的黏扣带容易翘边甚至脱落。反之，离型力太高（重剥离），则不易将冲形后的黏扣带由离型纸或膜上剥离。通常，离型纸或膜上所涂的离型剂量约为 $0.6g/m^2$ 或更低。万一离型剂膜厚涂布不均且带有针孔时，高黏着力的热熔压敏胶可能穿透离型剂直接附着于纸张或膜上。如此，冲形后的黏扣带便无法顺利地从离型纸或膜表面剥离。如果离型剂用量太多或交联不完全，可能造成离型剂转移至热熔压敏胶表面而降低了黏着力。

7.3.3　背胶黏扣带之胶黏断裂模式

前段已大略介绍了黏扣带背胶加工过程中常见的问题及改善方法。以下段落将借热剪切失败温度（shear adhesion fail temperature，SAFT）测试所呈现的断裂模式来解说织带、热熔压敏胶与离型纸或膜间的关系。常见的断裂模式大致可分为下列几种：

（1）从热熔压敏胶本身断裂（cohesive fail，CF）　当热熔压敏胶对织带、钢板都具有极高的胶黏力时，如果接口胶黏力大于热熔压敏胶本身的内聚强度，则在高温或长时间荷重、剪切试验时，会造成热熔压敏胶呈横断的断裂模式。热熔胶同时有残胶留于织带及钢板上（如图7-9）。当热熔压敏胶的胶黏力高、内聚力偏低时，CF现象会在较低温度或较短时间内即发生。以实物胶黏为例，CF通常发生于较坚硬且极性较高的被胶黏表面，如金属、木板、玻璃、陶瓷、PET、PS等。

（2）胶黏界面失败（adhesive fail，AF）　AF（图7-10）发生之原因较为当复杂，主要有下列三种可能性。

图 7-9　cohesive fail（CF）断裂图形　　　图 7-10　adhesive fail（AF）图形

① 胶黏剂的内聚力过高，但对被胶黏物的胶黏力不足，在CF断裂现象发生前已经产生胶黏接口失败。许多交联（键结）过的油性胶或水胶因内聚力较高，胶黏力较低，经常会表现出此断裂现象。热熔压敏胶属于热塑性材质，在高温下荷重时，内聚力通常会不断地降低而产生CF现象。但是，当热熔压敏胶的内聚力特别高，却没有足够的胶黏力时，譬如可重复粘贴的热

熔压敏胶（removable HMPSA）；或面对表面能量非常低的被胶黏物时，譬如 PE、PP 等，在升温测试时很可能造成 AF 现象。

② 热熔压敏胶内含有过量之低分子量软化油和添加剂，或不相溶的组分。配方内过量的低分子量成分及不相溶成分会经时移形到热熔压敏胶的表面，使热熔压敏胶无法对钢板产生紧密结合，而造成由接口脱落的 AF 现象。

③ 离型纸表面离型剂移行。离型纸、膜的质量和规格相当复杂。必须选用离型剂转移率很低的离型纸或膜才可确保热熔压敏胶应有的物性。许多离型纸或膜与热熔压敏胶结合后，会在高温或长时间接触下产生离型剂转移现象。当离型剂移行到热熔压敏胶与离型纸的界面时，受污染的热熔压敏胶将无法顺利着锚于被胶黏物表面。从当离型剂移行到热熔压敏胶黏弹性来观察，多数热熔压敏胶的 tanδ 最低点发生在 40～60℃。在此温度下的回弹性很高，如果热熔压敏胶表面受到离型剂污染，则在未达 CF 之前，热熔压敏胶就会从被胶黏物表面脱落呈现 AF 断裂模式。因此，选择离型剂转移率甚低的离型纸或膜，才能防止离型剂转移至胶面，因而能够提供较高的耐热剪切温度。

（3）胶转移（transfer） 发生热熔压敏胶转移到被贴物表面的主要原因是热熔压敏胶上胶时与基材（如织带）的结合力不足所致。当热熔压敏胶遇到较容易胶黏的被胶黏物时（如钢板），经常会脱离织带转移到被胶黏物表面（图 7-11）而没有任何残胶于织带上。造成结合力不足的原因大致上有下列两个情形。

图 7-11 胶转移图形

① 织带背面过于粗糙加上热熔压敏胶本身的流动性不足。如果将弹性较高而黏性或流动性较低的热熔压敏胶上胶于粗糙的织带背面，会因胶的流动性差而造成接触表面积减少，使得两者间的结合力降低。调整热熔压敏胶配方来增加流动性或润湿性可改善胶转移现象。

② 织带含湿量过高。织带为聚酰胺或聚酯纤维编织后以聚氨酯定型的产品，具有较高的吸湿性。在正常的作业情况下，流动性高的热熔压敏胶要着锚于粗糙的织带背面应该没有问题。但当织带严重受潮时，在高温涂布热熔压敏胶的瞬间，湿气会挥发在织带表面汽化形成一道水分子膜并急速冷却热熔压敏胶。此现象会使热熔压敏胶的流动性、着锚性大幅降低而无法顺利地与织带紧密结合。遇此状况，可将计划要上胶的织带预先以塑料袋密封包装来防潮。如有必要，可在织带进入口模上胶之前以热风设备将织带中的水汽尽量排除。

（4）混合断裂现象　当热熔压敏胶对织带的着锚不足，且本身内聚力也不够时，有时候可以发现在造成 CF 之前，先发生部分胶转移或从胶纵面断裂的特殊现象（图 7-12）。

图 7-12　混合断裂现象图形

混合断裂现象相当复杂，仅以下列几个图示（图 7-13）代表说明。织带裸露无胶的部分表示热熔压敏胶已经转移至钢板上，织带上仅残留部分的热熔压敏胶。如果所使用离型纸或膜的离型剂处理不妥善，有离型剂转移的情况，也可能造成部分 AF。

（5）被贴材料破裂　当背胶的黏扣带被贴于内聚力较弱的被胶黏物时，如果热熔压敏胶与织带间有良好的着锚强度，热熔压敏胶本身的内聚力和热熔压敏胶与被胶黏物间的粘接力均大于被胶黏材料的强度时，可以造成被胶黏材料表面变形或残破等现象，如纸张、纸箱乃至于塑料薄膜均有可能呈现

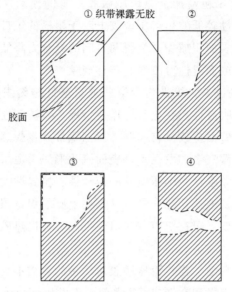

图 7-13　代表性混合断裂图形

这种残破现象。

7.3.4　黏扣带用热熔压敏胶应具备的特性

　　没有任何一种万能的热熔压敏胶可以适用于所有黏扣带的应用市场。通常需要根据具体的应用领域与物性要求来选择不同胶黏性能的热熔压敏胶。黏扣带用热熔压敏胶除了应提供适当的基本胶黏物性，如初黏力、剥离力及持黏力外，经常还需具备下列特性。

　　(1) 外观　透明、浅色的热熔压敏胶涂布于各种颜色的织带不会影响整体织带的外观。胶黏剂本身的颜色源自于高分子中活性较高的分子键。当高分子中的双键经过氢化处理后会饱和而变成单键。氢化后的高分子颜色变浅、活性降低、稳定性增加；耐热、耐候性均可提高。但是胶黏性会因极性降低而相对减弱。必须依靠调整热熔压敏胶的黏弹性来改善胶黏物性。

　　(2) 特殊胶黏物性　黏扣带用热熔压敏胶的基本物性要求为热熔压敏胶与被胶黏物间的抓力必须大于织带（钩、毛）间的分离拉力（剥离力）及剪切刀（平行力）。然而，在许多特殊应用市场，黏扣带用热熔压敏胶还须考虑耐热性、耐寒性、耐水性及对低极性物质的胶黏力。耐热性与耐寒性之来源与限制及对低极性物质的粘接力与标签热熔压敏胶用相同，而耐水性的特殊胶黏性描述于下。

黏扣带之应用市场愈来愈宽广。有许多特殊应用的黏扣带固定在被贴物后，可能需要接触水，甚至于被浸泡在水里一段时间，如拖把。虽然多数的黏扣带用热熔压敏胶为低极性物质，具有较强的疏水性且不会被水潮解。但是，分子量极小的水分子可以轻易渗入热熔压敏胶与被贴物的界面；或被织带吸收而进入织带与热熔压敏胶的界面。不论哪一个情况发生都会造成热熔压敏胶与被贴物之间胶黏不良。欲克服此困扰，首先，所选用的黏扣带用热熔压敏胶必须具有较高的热流动性，可以在背胶时完全密着于织带的孔隙内，使水不易渗入界面。除此外，此热熔压敏胶在室温时亦需提供极佳的流动性，使其与被贴物有非常紧密的结合。

如果基材可以缝，如服装等，黏扣带就可以和基材缝合。如果遇到硬质材料，如金属和木器等，黏扣带就需要靠胶黏剂来黏合。黏扣带用热熔压敏胶很多，典型的黏扣带是耐高温及一般用途的黏扣带。它们的流变性如图 7-14、图 7-15。

图 7-14　典型耐热黏扣带（源于中国台湾宏盛）

图 7-15　典型一般用途黏扣带（源于中国台湾宏盛）

7.4　医用胶带用热熔压敏胶

在过去二十多年里，热熔压敏胶已在医用胶布和胶带市场中被广泛地使用。在热熔压敏胶被引入这个应用市场之前，溶剂型和碾压型（calendared）天然橡胶（NR）基压敏胶垄断着这个市场。NR 基压敏胶通常使用松香或其衍生物来增黏。由于这种类型压敏胶的酸性或极性较高，可以在皮肤上产生很好的附着。但是这些含有酸值的压敏胶也经常会在人体皮肤上造成过敏现象。很多国际上领导品牌的医用胶布和胶带生产商已经严格禁用松香及其衍生物。然而，在 SBC 基热熔压敏胶配方中如果不加入松香及其衍生物，要黏在皮肤上就相当困难。在失去极性的物理吸附贡献后，如何选择不会刺激皮肤的低极性 SBC 和合成碳氢增黏剂来胶黏皮肤是大多数热熔胶配方设计人员所需面临的一个挑战。

7.4.1　医疗胶带用热熔压敏胶的上胶方式

热熔胶的上胶方式有很多种。不论以哪一种方式上胶，热熔胶必须先在熔胶槽内预先加热成熔融状态，再以适当的上胶设备将热熔胶直接喷涂或转印于基材或被胶黏物上。常见的医疗胶带用基材有无纺布、PE 膜及丝绸布。上胶设备则有辊轮（roller）和模头（die）两类。为了获得透气特性，除了在基材上打孔外，还可选用点状上胶轮，或以特殊模头造成有孔隙、非满版的上胶表面。喷胶设备虽可提供良好透气性，但是喷出后的热熔压敏胶会被空气迅速冷却而大幅降低其对基材的着锚、胶黏力。做出成品后常有胶转移至胶带背面或残留于皮肤上的困扰。由于医疗胶带所使用的基材和上胶设备与方式不尽相同，通常热熔胶制造厂商须提供各种不同作业性及黏弹性的热熔胶来满足此多样化市场。如何同时获得热熔压敏胶的特殊胶黏物性与作业性端，有赖于热熔胶生产者、背胶厂与使用者共同沟通，合作完成。通常，以模头背胶，可接受较宽之稠度范围，约 $2000 \sim 20000 \mathrm{mPa \cdot s}$。辊轮背胶则需有较低之稠度范围，通常约在 $10000 \mathrm{mPa \cdot s}$ 以下。稠度较低之热熔胶较易涂布、加工温度亦可适度降低。但是这类热熔胶的耐热性通常也相对较低。

7.4.2　医疗胶带用热熔压敏胶应具备的特性

热熔压敏胶应用于医疗胶带市场，除了要有适当的涂布作业性及热安定性外还需具备不致痒、服贴及透气等特性。

（1）涂布作业性　如上一节所述，热熔压敏胶可以特殊模头（die）或辊轮（roller）涂布于各种特殊基材上。但是，医疗胶带用热熔压敏胶通常具有较高的流动性，容易渗入多孔性基材内造成溢胶现象。此外，许多医疗胶带用基材无法承受高热度，上胶时可能被延伸、形变甚至破坏。由于上述作业上的困扰，业者通常会将热熔压敏胶先涂在可耐高热的离型纸上，再将热熔压敏胶转贴于各种基材上。用于敷片市场的产品需保留离型纸，上胶后的复合结构将被分条成卷状或裁成适当片状尺寸后再包装。而胶带产品则须将复合结构再覆卷一次，将离型纸分离，单独覆卷胶带并分条成所需的宽幅及长度。

（2）不致痒　通常，用于医疗胶带上的溶剂型胶水会导致皮肤过敏，需添加锌氧粉于胶水内。锌氧粉的功能有两方面：一为降低溶剂型胶水对皮肤的过敏性；二为增进胶水的吸湿性或吸汗能力。适当选择热熔压敏胶的组成成分可以完全防止皮肤过敏问题。从致敏性角度言，热熔压敏胶已被医疗卫生单位认定为最适当的皮肤用胶黏剂。通常，加入松香或酯化松香等增黏树脂于热熔压敏胶内可大幅提高其对皮肤的胶黏力，也可克服排汗后胶带失黏、脱落的困扰。然而这类天然增黏树脂的极性过高（物理性吸附力甚高）对皮肤会造成严重刺激。因此，医疗胶带用热熔压敏胶内绝对不可含此类成分。

（3）服贴性　由于松香或酯化松香等天然增黏树脂不适用于医疗胶带，欲获得对皮肤的服贴性必须靠热熔压敏胶本身的柔软及润湿性，即所谓的黏弹性。在设计医疗胶带用热熔压敏胶时应特别着重在人体皮肤上的流动性。胶带贴于皮肤之后，须有不断润湿并与皮肤表面密着的能力。理想情况下，胶带应不会因为关节部位弯曲运动而翘边脱落。服贴性并不代表胶黏强度。一个理想的医疗胶带用热熔压敏胶应提供极佳的皮肤服贴性使其在应用时能快速附着于皮肤表面而不会翘边脱落。但是，当使用过后的胶带从皮肤表面被剥离时则应有不高的剥离强度。如果在剥离时造成皮肤疼痛反而是一种负面的物性。

（4）透气性　为了防止对皮肤的刺激性，医疗胶带用热熔压敏胶的组成成分通常不含极性物质，属于疏水性高分子。因此，无法吸湿排汗。如果要得到适当的透气性，可在背胶后的胶带基材连同胶水取适当的间隔打孔。或者，可以特殊的涂布加工设备造成非满版的涂布表面形成透气孔。这两种方式都可以使医疗胶带获得某种程度的透气性。透气性好的胶带对皮肤胶黏力不会受到正常排汗的影响。甚至于在淋浴或游泳后仍可保持某种程度的服贴性。不过，运动后如有大量排汗时，一般医疗胶带对皮肤的服帖性都会受到严重影响。遇到此困扰时只能选用吸湿性较高的压克力水胶或将松香或酯化松香等增黏树脂加入热熔压敏胶内。但是，这种改善方法会导致皮肤过敏问题。

（5）其他物性　医疗胶带的胶黏对象为人体皮肤。不论在任何时间与空间，人体皮肤表面温度大约在 30～35℃。因此，除了在储存及运输期间应注意热熔压敏胶是否会因流动性太高造成溢胶现象外，通常，医疗胶带用热熔压敏胶不像其他用途的胶带与标签需特别注意耐热性与耐寒性。然而，每一个人的皮肤干、油性质有异却会让使用者感受到不同程度的服贴性与胶黏力。对于干性皮肤或在冬季使用时（流汗少），热熔压敏胶的服贴性较佳。

反之，其在油性皮肤或在夏季使用时（流汗多）的服贴性较差。显然，造成此服贴差异性并非热熔压敏胶本身的耐寒、热性发生问题，而是人体体质不同所致。要提供一全功能、适合所有人种及地区使用的热熔压敏胶的确有实质上的困难。就如同化妆品等日用品也要有干、油性之分。

随着科技的进步与人类不断追求提高生活质量之驱动力下。近年来，医疗体系的产品不断改良创新。各种医疗敷片、贴片与胶带不论有何功能，都须与适当的胶黏剂结合才能将这些应用产品固定于皮肤上（图 7-16）。由于多数热熔压敏胶必须在高温（170～180℃）混合制造与涂布。因此，不适合用于需添加具有挥发性低沸点或升华点药物的产品。目前，溶剂胶、水胶与热熔胶并存于医疗体系产品中，除了作业性不同外，确实各具有其特殊功能。但是，毫不讳言的是，热熔压敏胶的低致敏性与加工后所得到的透气特性是其他类型胶水所无法比拟的。从环保角度而言，零污染的热熔压敏胶应该是未来必然发展的方向。

图 7-16　医疗敷片及纸胶带（源于成铭热熔胶博物馆）

运动胶带（图 7-17）通常含有 12％的氧化锌，也称为氧化锌胶带。氧化锌有着色、疏导汗液和消炎止痒等功能。但是，要加入足量的氧化锌粉末且能快速分散到混合中的热熔压敏胶相当困难。比较好的方法是预先以三滚轮将矿物油和氧化锌的做成油浆。在混合热熔压敏胶时再加入油浆。如此，就可以快速地分散加入的氧化锌。运动胶带的热熔压敏胶涂布量通常是 $70g/m^2$。

图 7-17　运动胶带

因为每一种医疗用途的热熔压敏胶不相同。因此，也没有所谓的理想配方或流变性。重点仍是每一热熔压敏胶应具有上述的医疗胶带特性。下图（图 6-18）为一用于敷片的典型热熔压敏胶流变性。

图 7-18　典型敷片用热熔压敏胶（源于中国台湾宏盛）

对于加入药物的药膏布用热熔压敏胶（图 7-19），因混合热熔压敏胶时的温度较高，通常是 140℃ 以上，有些药物在高温时会挥发，因此无法加入。这个本质的问题有待大家去克服。基本上药物可分为下列三种。

① 粉末：HMPSA/粉末（50/50）。

② 水提取醇化浓缩液：HMPSA/水提取醇化浓缩液（90/10）。药品占水提取液的 1%，占整体药膏的 0.1%。

③ 油性浓缩液：HMPSA/油性浓缩液（94±1/6±1）。

图 7-19　加药物的热熔压敏胶布（源于成铭热熔胶博物馆）

7.5　软质 PVC 材料与热熔压敏胶

几乎所有的热熔压敏胶都是由各种 SBC、增黏剂和矿物油组成的。这种混合物是一种热塑性材料，在生产和加工过程中都没有交联或热固性作用。当此类热熔压敏胶用来胶黏有增塑的软质 PVC 制品时，压敏胶黏性能会随着接触时间的延长而改变。100% 硬质 PVC 本身是不含任何低分子量成分的极性材料，不会随着接触时间的延长影响热熔压敏胶的任何性能。但是，当硬质 PVC 用某些增塑剂增塑时（如邻苯二甲酸类），就变成具有柔软性的软制品。增塑后的 PVC 已成为我们日常生活中许多有用的材料。主要的应用市场有家具、电子、汽车、建筑、服装、医疗用薄膜、胶带和标签等。但是，所加入的增塑剂，如邻苯二甲酸酯，并不能与 PVC 聚合物牢固结合在一起，只能分散在 PVC 聚合物的基体当中。即使在正常的储存条件下，邻苯二甲酸酯仍然会从 PVC 中缓慢迁出。当周围的温度或任何形式的能量上升时还可能加速这种迁移的行为（图 4-47）。

当热熔压敏胶等材料与增塑的 PVC 表面接触时，原来均匀分散在 PVC 内的增塑剂将会逐渐迁移到 PVC 和热熔压敏胶的界面，并渗入热熔压敏胶内。这种现象会一直持续进行直到两接口之间达到热力学平衡的状态。因为这种现象的发生，使得所用的热熔压敏胶配方会随着接触或使用时间的长短而逐渐发生变化。因为 PVC 的增塑剂（如邻苯二甲酸酯）是极性很高的低分子量增塑剂，所以很容易与 SBC 的苯乙烯相结合。由于两者之间的兼容性非常好，增塑剂会逐渐破坏物理交联苯乙烯相的内聚强度。在实际应用中，大多数热熔压敏胶开始时可能显示出非常好的整体性胶黏性能，但是经过一段时间后就会从增塑的 PVC 制品上慢慢地蠕变分离或内聚破坏分离（CF），具体的时间长短取决于 PVC 中增塑剂的种类和含量。

为了克服增塑剂迁移的行为，很多热熔压敏胶配方人员会尝试设计可辐照交联的热熔压敏胶来粘接软质 PVC。然而，尽管聚合物的分子量在交联之后变成无限大，但是配方中所加入的增黏剂（尤其是极性的增黏剂）仍然会被 PVC 中所使用的增塑剂溶解。因此，持黏力或许受到增塑 PVC 的影响较小，但是整体的压敏胶黏性能仍会受到一定程度的改变。

总之，到目前为止，仍然没有任何 SBC 为基础的热熔压敏胶可以合适的被用来胶黏已增塑的软质 PVC，除非是在 PVC 中加入不容易迁移到 PVC 表面的高分子量增塑剂。

7.6 PVC 塑料地砖用热熔压敏胶

PVC 塑料地砖是由许多层材料共同组成的（图 7-20）。从上到下通常是不同厚度的透明 PVC 薄膜（耐磨）、印刷膜（美观用途）、白色 PVC 薄膜（印刷膜的背景）和复合 PVC 砖体（形成刚性形状）。复合 PVC 砖体主要由下列几种成分混合而成：回收的 PVC、原料 PVC、增塑剂、碳酸钙、硬脂酸皂类、PE 蜡、稳定剂和颜料等。由于回收 PVC 的来源相当复杂，使得复合材料各批次间的增塑剂总含量无法维持在稳定的比例。

对于自黏 PVC 塑料地砖来说，热熔压敏胶是以上方喂料的滚胶机逐片涂在复合砖体上的。$1ft^2$（$1ft^2 = 9.29 \times 10^{-2} m^2$）地砖的涂布速度最高可达

图 7-20　PVC 塑料地砖

每分钟 160 片上下。涂胶后的胶黏剂表面立即自动覆上一张离型纸。图 7-21
为各种不同尺寸的背胶设备。

图 7-21　PVC 塑料地砖背胶设备（鸿滢目录）

7.6.1　塑料地砖用热熔压敏胶的特性要求

一个适宜的塑料地砖用热熔压敏胶必须同时具备良好作业性与用于塑料地砖时特有的物性。

(1) 作业性：塑料地砖在背胶过程中，最常见的困扰如下：

① 离型纸贴合不良。如果热熔压敏胶的耐寒性不足，当较薄塑料地砖预先冷冻或冬天背胶时，都有可能因胶面失去黏性而无法与离型纸顺利贴合。选用耐寒性较佳的热熔压敏胶即可克服此困扰。

② 作业中有牵丝现象。当热熔压敏胶发生牵丝现象时，热熔压敏胶丝所造成的小胶粒会污染塑料地砖印刷面、离型纸及上胶机台，导致生产作业速度减慢或被迫停机，不良品比例也会因此增加。如果牵丝残留在地砖侧面，则会在未来贴地砖后因侧面溢胶而污染地面。造成牵丝的原因相当复杂，大致上可从上胶设备及热熔压敏胶两方面来探讨。

a. 上胶设备问题：上胶轮面之刻纹形状、间距、深度、热处理，刮刀与轮面间的平整度，导轮的直径大小，导板与上胶轮间的距离及上胶速度均可造成不同程度的牵丝。上胶设备如果不理想，再怎么好的热熔压敏胶也无法完成免除牵丝的发生。

b. 热熔压敏胶问题：任何高分子均有分子链纠缠的特性。不同配方的热熔压敏胶，本质上具有不同程度的纠缠现象，因而产生不同程度的抗张强度。当热熔压敏胶受热后，分子链会因温度的提高而松弛、解纠缠，因此降低了热熔压敏胶的内聚力。同理，当热熔压敏胶在高温熔融状态下被上胶轮拉伸、转涂在 PVC 塑料地砖的瞬间，由于热熔压敏胶的温度极速下降，纠缠现象会再度回复。热熔压敏胶的内聚力也因此骤升而造成某种程度的牵丝现象。这是高分子的固有特性，不会因加工温度的调整而有显著变化。

当牵丝现象发生时，作业人员通常会提高熔胶槽及上胶轮的温度，想借降低热熔压敏胶的稠度来解决牵丝问题。事实上，牵丝现象乃一般高分子于冷却过程中必然发生的特质，提高加工温度并无法显著改善牵丝现象。如果一定要消除牵丝问题，则必须以超高的加工温度将高分子热裂解，使其形成微滴状，失去高分子纠缠的特性，便可终止牵丝现象。然而，这种借破坏热熔压敏胶物性来达到防止牵丝的方法，会使褙在塑料地砖上的热熔压敏胶失去耐热、耐候、耐老化等原来该具有的特性。背胶后的塑料地砖会在储存期间迅速丧失内聚力，造成拉丝、沾手指等不良现象。严重时，还可能导致离型纸无法剥离胶面，甚至于溢胶于离型纸内部的状况。

在实际涂布作业经验中发现，如果热熔压敏胶能够在冷却过程中迅速回复高内聚力及弹性，则在塑料地砖离开上胶轮的瞬间，热熔压敏胶细丝（点状涂胶方式所形成）会在尚未接触导板贴合离型纸前的短距离内即断裂成两段。一段残留在地砖上，另一段反弹回上胶轮。虽然仍有牵丝现象发生，但这种断丝方式比较不会使胶丝毫无控制地拉牵于机台与地砖之印刷面上。反之，如果热熔压敏胶在冷却过程中流动性或延伸性过高、强度或弹性回复不够迅速，则热熔压敏胶会随着地砖的输送而不断拉伸（如口香糖），造成无法控制的牵丝现象（图 7-22）。

图 7-22　PVC 塑料地砖背胶牵丝现象（中国台湾宏盛资料）

通过流变仪可以检测热熔压敏胶从高温（涂胶温度）到室温冷却过程中的内聚强度提升过程。通常，容易牵丝的热熔压敏胶在降温冷却过程中比不易牵丝者具有较高的流动性（相同温度下的 $\tan\delta$ 值较高）。从另一个流变行为来看，当热熔压敏胶的 $\tan\delta$ 等于 1 发生的温度较高时，表示该热熔压敏胶可以相对较快的速度或较短的时间从 $\tan\delta$ 值大于 1 的熔融态进入 $\tan\delta$ 值小于 1 的高分子纠缠态。如果内聚强度提升够快，便可以减少流动所造成的牵丝现象（图 7-23）。

图 7-23　以流变性研究热熔压敏胶的牵丝行为（中国台湾宏盛资料）

（2）塑料地砖用热熔压敏胶应有的特性

① 热安定性。热安定性的优劣取决于热熔压敏胶的质量。选用质量佳的热熔压敏胶，在正常的加工条件下，应可呈现良好的热安定性，不易在熔胶槽壁、热媒管壁及上胶轮产生碳化现象。热熔压敏胶的加工温度应控制在180℃以下。如果超温、长时间作业，任何热熔压敏胶都有产生焦化的可能。然而，选用了质量不佳的热熔压敏胶，即使在正常的加工温度也会快速产生焦化现象。

② 耐热性。热熔压敏胶必须具备足够高的耐热性，才不会在长时间储存或在货柜（高温）运输过程中产生侧面溢胶现象。热熔压敏胶在 PVC 塑料地砖上的耐热性优劣必须经过很长时间才能获知结果。为了提早得知热熔压敏胶在塑料地砖上耐热的程度，可用流变仪对欲使用的热熔压敏胶做温度扫描，侦测热熔压敏胶的流动点（tanδ＝1）。流动点愈高，耐热性愈佳。另外一个较简单的测试方法为先将热熔压敏胶涂布于 PET 膜上制成胶带，以每平方英寸荷重 500g 的力量将胶带挂入烘箱内；由 30℃ 开始，以每 3min

升温 1℃ 的速度来测试热熔压敏胶带掉落的温度（称为 SAFT）。通常，SAFT 愈高则耐热性愈佳。当所选用的热熔压敏胶确定能够提供适当的耐热性后，再将之褙于 PVC 塑料地砖上，并置于烘箱内以特定的高温及时间来加速老化。通过此实验来观察溢胶、沾手、拉丝、持黏力及与离型纸的剥离性等。

③ 耐 PVC 塑料地砖中所含的塑化剂。大多数 PVC 塑料地砖中均含有或多或少的塑化剂或软化油来改善加工性或增进柔软度。塑化剂与热熔压敏胶中的苯乙烯相的相溶性甚佳，如果热熔压敏胶本身没有预留足够高的内聚力或强度来防止塑化剂的软化，则热熔压敏胶会在储存期间逐渐受塑化剂的溶解而被软化，产生胶面拉丝、沾手，甚至于离型纸无法剥离的现象。通常，热熔压敏胶如果具有较高的耐热性，亦会呈现较佳的耐塑化剂性能。

④ 耐寒性。如果热熔压敏胶没有足够的耐寒性，当背胶于预先冷冻处理的薄塑料地砖上或在冬季工作环境温度偏低时，可能会造成离型纸贴合不良甚至于脱落的情况。背胶后的塑料地砖成品亦可能会在低温施工环境中无法获得足够的胶黏强度。热熔压敏胶的耐寒性好坏，可以流变仪对热熔压敏胶做温度扫描观察玻璃点得知。玻璃点愈低，耐寒性愈佳。

⑤ 耐老化性。塑料地砖用热熔压敏胶必须在储存期间及施工后仍具有良好的耐老化性。一个质量好的热熔压敏胶，如果在上胶时没有被过高温度破坏，通常可在背胶后存放一段颇长的时间。

7.6.2　塑料地砖变形因素与改善方法

塑料地砖在储存或背胶后会产生几种变形的现象：边缘上翘、中心上凸与边缘尺寸变化等。欲了解塑料地砖变形的原因，必须先说明塑料地砖制造的方式与过程。首先，将底料所有成分以混料机干拌，再以捏合机高温混合塑化。塑化后的底料以螺杆经模头押出成厚度不同的薄板。完成此步骤后，塑料地砖面材的贴合方式可区分为两种：押出贴合与油压贴合。如果以押出贴合方式生产地砖，当底料以螺杆经模头押出成薄板后，利用其残留热量（约 170℃）将面膜活化同时与底料以辊轮压合。贴合后的连续地砖板仍具高温，无法立即裁切。需经过低温水槽降温后再裁切储存。有些生产线，会在冷却后立即将地砖尺寸裁出。另外一种作业方式则将押出地砖留边裁切成面积略大的单一薄板。置于室温回火约两天后再行裁切成所需的准确尺寸。如果以油压贴合方式生产，当底料以螺杆经模头押出成薄板后，需先行冷却、裁切成比单张面材面积略大的单片、堆栈回火 1d 以上，再以油压床将底料薄板与面材加热贴合。之后再裁切成所需的准确尺寸。在上述两种塑料地砖制程中有几个步骤可能造成形变。

① 押出贴合：在押出在线贴合面材时，底材与面材的材质组成与流变性不同，因此在受热延伸或冷却收缩后的形变率不一致。在完全冷却回温定型后，收缩率较大（弹性、回复性较高）或流动性较小（不易松弛）的材质（通常为面材）会有内缩的现象，造成地砖边缘上翘。另外，当底料经模头押出时，与模头内壁四周接触的底料会因阻力存在而比中间无阻力的底料前进速度慢一些。因此，从底料押出瞬间的材料流变性来探讨，靠中心点部位的底料因流动较快而比两侧底料被延伸较多。以上这些因加工作业不得已所自然产生的形变和应力，如果是靠急速冷却和高压定型来获得暂时性不稳定平衡状态，当有另一外在能量、物质（温度、时间、压力、化学品）介入时，会迅速破坏其原有的不稳定平衡状态，使一直存在而没有消失的残留应力终于能够释出，造成所谓的变形或尺寸变化（图 7-24）。

图 7-24　塑料地砖制程中所产生的残留应力造成地砖形变（台湾宏盛资料）

② 油压贴合：油压地砖的底料从模头压出后先行冷却回温至少 1d。这期间因押出作业所引进的残留应力大多可在贴合前先消除。多数底材在回温未贴合前，表面及厚度均呈现相当不规则的状态。这种现象证明了底料在押出瞬间的平整表面并非稳定状态，会随着温度下降及储存时间改变。当面材与底料在压床高温贴合时，会因各层模具与加热源距离不一、所受温度传导不同，而使每一贴合材得到不相同之受热过程。通常上、下层比中间层高温接触时间更长。地砖厂固然可控制加温程序与时间来获得适当的贴合效果，

但是无法保证让每一贴合片得到相同的受热过程。理想情况下，从油压床加热、加压所制造的地砖均应相当平整不会变形。事实上，因底料与面材的流变性不同，在加热、加压贴合过程中已引入不同的形变量。弹性较高或流动性较低的面材在回温后可迅速定型不再变化。然而，具有较高流动性的底材被高温、高压展开压平后，如果未经长时间的回火冷却释出残留应力，而突然间以冷空气急速冷却，虽可暂时保住平整的外形，但是，如前所述，当另一外在能量、物质介入时，会使残留应力释出造成变形。油压地砖因以热板上下加压定型，当底料释出残留应力后，原来被延伸的分子链会慢慢回缩而呈现地砖中凸的怪异变形。如果上凸的力量小于地砖中心部位的重量时，中凸的中心点会下沉而呈现距离地砖四边约半英寸到一英寸位置框形隆起的现象。

　　从上述讨论中得知，不论是押出或油压塑料地砖都有其变形的个别成因。如果在加工过程中所引入的应力无法适当释放，迟早都会发生形变。不同之处只在于形变时间、程度、部位与模式而已。如何完全消除塑料地砖变形一直是业界努力的方向。如果不了解变形的确实原因，而想消除问题，有时反而会引进更多的困扰。下一段中将从地砖底料配方的成分，以流变性来深入讨论残留应力形成的主因及排除变形的根本办法。

　　地砖底料配方中 PVC 新料与回收料种类、质量及塑化剂含量如果无法确定，将无法保证每一批料在押出前有相同的混合程度。混合很均匀的产品，物性较稳定，因此作业程序不需经常调整。混合不均匀的底料内，每一单独成分都会呈现其个别特性。从一代表性地砖底料做流变性的温度扫描研究时发现，在大约 70℃ 之处有一个特殊成分相的转换区。据推断，此转换区应为 PVC 新料所呈现的特性。在此转换温度（transition temperature）的低温区（大约 70℃ 以下），PVC 新料仍拥有其高分子的特殊黏弹性。即使经过高压形变定型，当压力释放后 PVC 新料仍具有某种程度的回复性。但是，当高压形变时，将温度维持在高于转换温度之上时，PVC 新料可得到足够的自由空间，并会逐渐软化、松弛、流动。最后，即使再降温回到室温，亦可能完全失去回复性而不再变形。从上述研究结果推测，如果底料的每一成分都可被混合成均一状态使 PVC 新料无法形成独立相，则底料应可再贴合后快速且轻易松弛，不再变形。如果在实务上无法达成混合均匀的效果，则在贴合后尽量保持加温超过 PVC 新料的转换温度实为不可避免的作业程序。押出及油压塑料地砖的加温作业方式叙述如下。

(1) 押出塑料地砖　底料与面材贴合之后，可先经过约 50～60℃ 水槽慢速冷却并回火。让 PVC 新料有足够的温度与时间松弛、回复至最稳定状态。之后再经室温水槽将地砖温度降至可裁切的温度。这种回火制程可确保地砖不再经时变形。如果生产线不够长，无法在线上回火，则可考虑将未经裁片的贴合片置于约 80℃ 的环境慢慢回火。经过 1～2d 回火处理后再裁切成所需尺寸。如此，地砖的尺寸也不大会有经时变化。万一，没有足够的生产空间装置温水槽，且必须在生产线立即将塑料地砖按尺寸裁片。裁片后之地砖如能置于约 80℃ 的环境慢慢回火，亦可降低未来经时尺寸变化的程度。

(2) 油压塑料地砖　在油压床将底料与面材加温贴合之后，理想情况下，如能将贴合片留在模具内慢慢回火后再裁片，则地砖将不会再变形。实务上，地砖制造厂不可能如此做，因为生产速度太慢。第二种选择为将贴合片取出模具后，置于约 80℃ 的环境慢慢回火约 1d 后再按尺寸裁片。此做法亦可防止经时变形。第三种方法为将已按尺寸裁片的地砖再置于约 80℃ 的环境慢慢回火约 1d。此种做法虽无法完全避免地砖四周尺寸变化，但回火时间愈长则地砖中凸现象愈轻微。

塑料地砖业者都很清楚回火不当是造成塑料地砖变形的主要原因。但是，为了增加生产速度，都会不经意地简化或忽略了严苛的回火程序，而企图以调整配方或改变部分制程来改善变形问题。当裁切好的塑料地砖堆栈在栈板时，重达上吨的力量压在地砖上使其不易发生形变。但是，当重压除去后，单片地砖就可能受到储存环境温度与时间影响，逐渐释放原来残留在内部的能量而变形。就如同从冷冻库内取出鱼、肉出来解冻后，鱼、肉会逐渐变形的现象。另外，如果塑料地砖被应用于自粘市场时，底料面必须再加工褙热熔压敏胶。当这些处于不稳定平衡状态的单片塑料地砖接触到背胶时的高温环境，原来被冻结的架构可能会因较高能量的介入而瓦解，造成形变。实务上，褙过热熔压敏胶的塑料地砖较易变形。大多数的业者认为变形的主要原因是热熔压敏胶的内聚力太高或地砖底料内的塑化剂移至热熔压敏胶内所致。事实上，将任何类别的热熔压敏胶或热熔压敏胶内的任一单独成分如高分子、增黏剂或矿物油等涂在地砖底料面，都可使地砖变形。证明了地砖变形与热熔压敏胶的内聚力高低无关。然而，如果能预先将未背胶的塑料地砖加热至 80℃ 一段时间后冷却回室温。再上任何热熔压敏胶都不会使塑料地砖形变。另外，将所有已变形的塑料地砖，不论有没有上热熔压敏胶，再加热至 80℃一段时间亦可将变形消除。证明塑料地砖变形的主因是底料内所残留的应力没有消除所致。至于为何褙热熔压敏胶于塑料地砖会加速变形。热熔压敏胶虽然表象为一个固体，但是，从微观的角度看，热熔压敏胶其实是个 100% 的固体溶液。当热熔压敏胶被涂在塑料地砖的底料面时，热熔压敏胶及底料内较低分子量的成分均可以在两界面间自由运动。原来呈现不稳定平衡状态的底料，会因低分子量成分的进出而改变了原来的架构。从微观角度来谈，低分子量成分进入底料之界面后，底料的整体密度或均匀性立即产生了变化。除此外，这些低分子量成分如同润滑剂一样，使被接触到的底料得以松弛、软化并释放出一直存在的残留应力。塑料地砖底料如果不接触其他化学品或许可以长时间保持平整。但是，塑料地砖底料与热熔压敏胶或其他化学品接触后就会很快释放出底料内部的残留应力而导致变形。

综合上述的种种物性及作业性要求，图 7-25 为一市场上已存在产品的典型流变图。

图 7-25　塑料地砖用热熔压敏胶典型流变图（源于中国台湾宏盛）

　　RT 7025 和其他存在的热熔压敏胶从流变性相比，它的 G' 在橡胶平台或 G'（25℃）较低，因此，RT 7025 可以得到较柔软的室温特性（图 7-26）。它的流动点（$\tan\delta = 1$ 温度值）较高，RT 7025＞B～D＞C＞A。我们可由此判断耐热性的顺序是 RT 7025＞B～D＞C＞A。当 PVC 地砖中的可塑剂会渗透至热熔敏胶胶层时可将其苯乙烯（styrene）相塑化。热熔胶的软化温度将因此而降低。同时，在室温下会变得较"软"（内聚力降低），在塑料地砖受压下时较易流动（可能造成侧面溢胶现象）。从经验上获悉当热熔压敏胶具有较高的耐热性时亦同时会有较好的耐溶剂性。同样的，当作业环境温度降低时，热熔压敏胶会变硬，或是说热熔压敏胶的胶黏性会降低。适当的低 T_g，能使热熔压敏胶在低温作业时仍能维持对离型纸的服贴性。耐寒性较佳的热熔压敏胶，在高纬度国家春秋季节施工时，因低 T_g 的热熔压敏胶低温黏性较佳，因此可延长施工期限。热熔压敏胶的耐寒性，也可由流变分析中的 T_g 温度值高低来比较。从流变图的 T_g，RT 7025＜B～C～D＜A，表示 RT 7025 是五种热熔压敏胶中耐寒性最佳的产品。

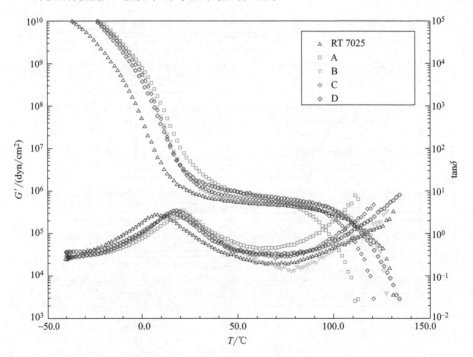

图 7-26　RT 7025 与其他热熔压敏胶的流变性比较（源于中国台湾宏盛）

我们也可从预先加入可塑剂（如 DOP）来了解热熔压敏胶的流变性变化。加入越多含量的可塑剂，可以看到热熔压敏胶的 G' 越低，T_g 也越低（图 7-27）。这和已涂胶的塑料地砖上老化后的热熔压敏胶流变行为很类似。

图 7-27　热熔压敏胶加入可塑剂的流变性（源于中国台湾宏盛）

将背胶地砖放置一段时间后，真实的老化现象是，①从胶黏物性设可观察到背胶地砖上的热熔压敏胶在经时老化后，耐热性会明显降低，服务温度下的黏着力也会显著降低；②若将已背胶的地砖取下热熔压敏胶进行流变性分析会发现老化后热熔压敏胶的真实现象，G' 降低和 $\tan\delta=1$ 值也明显下降（图 7-28）。这是因为地砖中的可塑剂移行至热熔压敏胶层，热熔压敏胶分子结构中的软链橡胶相异戊二烯和硬链塑料相苯乙烯相都被可塑剂塑化所造成。因此，热熔压敏胶的耐热性才会大幅降低。异戊二烯被塑化会使热熔压敏胶的 T_g 降低，因此也降低了室温的剥离力。虽然降低的 T_g 可使低温黏着力增强，但正常服务温度下的黏着力反而降低。

图 7-28　热熔压敏胶的真实老化现象（源于中国台湾宏盛）

7.7　封口胶带用热熔压敏胶

　　大多数的信封和包装袋用的封口胶带都是根据双面胶带的概念设计的。溶剂型丙烯酸胶黏剂独占这个市场已经有几十年的时间。尽管溶剂型丙烯酸胶黏剂对于大部分被贴物的胶黏都很合适，却不能牢固的胶黏某些低表面能的材料。对于 PE 快递袋这种特殊应用而言，PE 薄膜的变形或撕裂是必须具备的功能（图 7-29）。溶剂型丙烯酸胶黏剂并无法满足此市场的物性需求。为了达到此变形或撕裂目标，可选用具有较高极性、高服贴性与变形量的热熔压敏胶。含有较高极性的热熔压敏胶可以提高胶黏剂和被贴物之间的极性差异，感应出较强的电偶极或物理吸附性。高服贴性热熔压敏胶具有较高损耗角正切值（tanδ），能够很容易且快速地贴合在 PE 薄膜表面产生非常高的附着力，而在分离时则可以不断地延伸胶体而引起薄膜的变形或撕裂。此外，由于100％固含量的特点，热熔压敏胶可以很容易地借由窄幅狭缝模头以合适的高厚度（无基材）直接涂在塑料薄膜上。

图 7-29　PE 快递袋（源于成铭热熔胶博物馆）

选用高服贴性与变形量的热熔压敏胶于封口胶带应用时要注意胶黏剂的内聚强度仍应维持在一定的水平，以防止分离时发生内聚破坏的现象。许多市场上所使用的不同类型塑料薄膜具有不同的形变或撕裂强度，单一配方的热熔压敏胶或许不能满足所有塑料薄膜的需要。因此，面对不同的塑料薄膜时，可能需要对热熔压敏胶配方进行调整。

如果快递袋也需要在冬季递送使用，除了要满足在室温下的变形和撕裂物性要求外，所用的热熔压敏胶还需要有耐低温性能。对于快递袋应用来说，不管是使用什么样的塑料薄膜，在各种气候和温度下，胶黏剂和被贴物之间在递送过程中绝对不允许发生接口脱离的现象。

由于每种快递袋所使用的塑料或比例不同，要用一个通用的热熔压敏胶配方得到相同的薄膜变形或撕裂是不可能的。配方研究员要学会如何调整配方。热熔压敏胶除了要有很好的流动性（如高室温 tanδ 值）外，通常薄膜越韧则所用的热熔压敏胶也要有越大的内聚强度或较高的室温 G' 值。下图为一用于快递袋的热熔压敏胶典型流变图（图 7-30）。

图 7-30　典型 PE 快递袋的热熔压敏胶流变性（源于中国台湾宏盛）

7.8　A-PET 包装盒用的热熔压敏胶

A-PET（amorphous polyethylene terephthalate，无规聚对苯二甲酸乙二醇酯）薄膜是一种非常透明的塑料膜。这种具有刚性的厚膜在裁切并折成盒子之后很不容易变形。A-PET 被广泛用于需要全透明和美观的包装盒，例如百叶窗、化妆品、电子产品、文具、酒瓶和礼品盒等（图 7-31）。PET 和 A-PET 塑料没有区别。PET 是聚酯，其化学名称为聚对苯二甲酸乙二醇酯。聚对苯二甲酸乙二醇酯可以用两种主要方式排列在一起，无规或结晶。事实上，大部分接触到的东西都是无规的，只有一个例外，那就是微波食品托盘。如果由 PET 制成，则由 C-PET（结晶 PET）制成。基本上所有透明的 PET 包括 Mylar film ［biaxially oriented polyester（BOPET），Dupont］

和水瓶都是由 A-PET（无定形 PET）制成的，而且在很多情况下，"A"只是简单地被忽略了。

图 7-31　APET 塑料盒（中国台湾宏盛图片）

在 APET 膜被引入透明包装盒应用市场之前，最常使用的透明塑料膜为 PVC。PVC 薄膜只需要在接合部位使用溶剂就可以让 PVC 自身粘接在一起。由于环境保护和健康方面的顾虑，近年来 PVC 在很多应用市场已经逐步被禁用。也因此，APET 膜逐渐被引入透明包装盒市场中来代替 PVC 膜。APET 与 PVC 不同，它无法使用任何溶剂来让 APET 自身粘接在一起。热熔压敏胶有 100％固含量和快速黏牢的特点，相当适合用来封合 APET 盒的折边部位。

不同于通用型的热熔压敏胶，用来粘接 APET 的胶黏剂应该具有下面的特殊性质。

① 热熔压敏胶必须水白透明。为了维持 APET 透明与美观上的考虑，条状上胶贴合之后，在折边粘接部位应该不能轻易看到胶线痕迹。

② 使用的热熔压敏胶应该能在 150℃或 150℃以下以热熔喷嘴挤出。如果涂胶温度太高，APET 薄膜可能会产生热变形使粘接表面不平整。变形的程度取决于薄膜的厚度和上胶时的温度。

③ 热熔压敏胶在粘接后应该有快速且良好的胶黏力和较低的回弹力或较高的润湿性。如果热熔压敏胶有回弹的趋势，胶线的边缘可能出现一些影响外观的微小气泡线。

④ 热熔压敏胶必须具有非常好的抗剪切胶黏性能和很高的内聚力，避免装有物品的 APET 盒子在储存和运输过程中发生折边部位侧面滑动而导致胶黏失效。

为了满足上述特性，在发展适合 APET 包装盒折边封合使用的热熔压敏胶时，应注意下面几个基本的提示。

① 选择的原材料必须都是水白色的，且原材料之间具有非常好的兼容性。

② 选用适当 MI 值的 SBC 和兼容的 C_5/C_9 共聚增黏剂是调整熔融黏度的关键因素。熔体黏度对涂胶的难易程度有很大的影响。

③ 为了产生良好的胶黏并且不从 APET 表面回弹，在理论上胶黏剂应具有较高的损耗角正切值（$\tan\delta$），在贴合阶段即可迅速产生较大的流动与永久变形。

④ 使用的热熔压敏胶在室温下应具有较高的 G_n^o 或内聚力，即使 APET 盒在装入消费产品后，经过长期的储存仍然能够保持上胶线不变形、不蠕变。

图 7-32 为 A-PET 盒的一个典型流变图。

图 7-32 典型 A-PET 塑料盒的热熔压敏胶流变图（源于中国台湾宏盛）

7.9　汽车车门板防水 PP 膜/发泡板用可发泡热熔压敏胶

每扇汽车的车门板内部都会用到防水 PP 膜/发泡板。PP 膜/发泡板可以在下雨或洗车时防止水进入汽车内部造成零件生锈（图 7-33）。传统上，汽车装配厂都使用丁基橡胶基密封胶条将 PP 膜或发泡板黏到车身上。丁基橡胶基密封胶确实能带来优异的抗渗水性能。但是，这种材料的内聚力很低，在拆卸 PP 膜或发泡板时很容易造成内聚失败（CF），不太适合售后服务市场中需要重新安装定位的用途。理想情况下，PP 膜或发泡板应该很容易被拆装，在车门修理之后又可被轻易地重新装回而不牺牲抗渗水的性能。

图 7-33　汽车车门板防水发泡热熔压敏胶条（中国台湾宏盛图片）

热熔压敏胶是近几年才被引入这个应用领域中的。因为 SBC 基的热熔压敏胶比丁基橡胶基密封胶弹性更高，在售后服务市场中修理作业时，可以轻易地从车体表面彻底移除。但是，SBC 基热熔压敏胶相对于丁基橡胶基密封胶的高弹性和内聚力有时反而会引起胶黏剂和 PP 表面之间的胶黏失败（AF）。这种缺陷可能造成水渗透到车门内部。为了降低热熔压敏胶的弹性，加入氮气发泡的热熔压敏胶被引入了这个应用市场。发泡后，50%～70%固体含量的热熔压敏胶会变得较柔软，回弹性较小或变形度较大。

图 7-34　Nordson FoamMelt 热熔胶发泡设备（源于 Nordson 公司文献）

在实际的应用中，热熔压敏胶是通过一种特殊的热熔胶机在熔胶槽中同时进行熔融和充氮气发泡的动作（Nordson FoamMelt，图 7-34），并使用多轴机械臂控制的喷头将已发泡的热熔压敏胶涂在固定曲线形状的 PP 薄膜或发泡板上（图 7-35）。然后，将很黏的泡沫热熔压敏胶条以离型纸覆盖后装箱送往汽车装配厂。在汽车装配的输送带上，揭去离型纸后用手持辊子顺着发泡的热熔压敏胶条将 PP 薄膜或发泡板压合在车门板上。要满足这种应用的热熔压敏胶在涂布时应该对 PP 具有良好的胶黏性能。同时还需要在低温、室温和高温环境下都能牢固贴合在车门板上。将来再从车门板被拆下进行维修时，发泡热熔压敏胶应该留在 PP 薄膜或发泡板上而没有任何残胶转移到车门板上。最重要的是，热熔压敏胶从高温发泡到冷却的过程中，应该

图 7-35　用于上发泡热熔胶的多轴机械臂（源于 Nordson 公司文献）

具有非常高的内聚强度。如此，才能避免已发泡的热熔压敏胶条因为内聚力不足而造成表层发泡破裂，进而在胶黏接口产生部分不平整的孔隙。这些孔隙最终可能导致水分的渗入。通过这种热熔压敏胶发泡的技术来取代丁基橡胶基密封胶，除了可以满足售后维修市场的作业性需求外，还可以大幅降低每件车门所消耗的总用胶量与材料成本。

图 7-36 是市场上可以发泡的热熔压敏胶一典型流变图。

图 7-36　典型发泡热熔压敏胶（源于中国台湾宏盛）

7.10　可移除（短效）热熔压敏胶

可移除热熔压敏胶也被称为可重复剥离热熔压敏胶或暂时性胶黏的"短效"胶黏剂。

可移除（或称短效）热熔压敏胶对于需要低剥离力、不破坏被贴物表面以及不在被贴物上留下残胶的场合非常有用。图 7-37 为一可移除热熔压敏胶的代表性应用市场。对于可移除热压敏胶来说，并不存在一个固定的剥离力目标值，所需要的剥离力完全取决于被贴物本身的破坏能或撕裂强度。以大部分市场上容易取得的 SBC 为基础来设计低剥离力的配方，在技术上比发展通用型（永久）热熔压敏胶更困难。对于可移除热熔压敏胶来说，除了要提供较低的初始剥离力外，在大多数应用场合里也要求在经时老化一段时间后仍然保有较低的剥离力。含有很多低分子量成分的热熔压敏胶通常会随着接触时间的延长逐渐润湿多孔性表面，使得接触面积不断地增加。因此，剥离力会随着接触时间的延长而逐渐地提高。

图 7-37　可移除商标纸（Avery）

除了接触时间外，剥离力对剥离速度也非常敏感。对于通用型热熔压敏胶来说，剥离力通常随剥离速度的增加而提高。从流变学的观点来看，这种高速度下的分离现象基本上是等同于低温下的分离。大部分通用型热熔压敏胶的设计都是期望在剥离时具有非常大能量损耗的特性。换句话说，在剥离的一瞬间，损耗角正切值（tanδ）越高越好。这种特点正好和设计可移除热熔压敏胶配方时的需求相反。

理想的可移除热熔压敏胶的流变特点如下。

（1）T_g 应该足够低　T_g 比较低时，损耗角正切峰值（$\tan\delta_{max}$）远低于室温。因此，损耗角正切值（$\tan\delta$）在剥离时可以保持在较低水平区。

（2）橡胶平台区的损耗角正切曲线应该非常平坦　当损耗角正切值（$\tan\delta$）在这个区域里相当平坦时，剥离力测试时就不太会随着温度、速度和时间而有明显的变化。

（3）橡胶平台区的损耗角正切曲线不应该太高　对于通用型热熔压敏胶来说，这个区域的损耗角正切值（$\tan\delta$）越高或对被贴物的润湿性越强，在剥离时也较易延伸，就可以得到较高的剥离力。然而，对于可移除胶来说，损耗角正切值（$\tan\delta$）应该足够低（较有弹性），以减少热熔压敏胶在长时间储存时会进一步地润湿被贴物表面。

7.11　运动鞋行业中的热熔胶

在 1995 年间，热熔胶（HMA）被大量引入运动鞋制造行业。不同类型的热熔胶，如 SBC、EVA、APO 基配方型热熔胶，聚酯（PET），聚酰胺（PA）和聚氨酯（PUR）都被用来粘接各种特定的鞋配件。基本上，这些胶黏剂主要被应用在三个加工车间：零配件准备、鞋面车缝和鞋成型。某些需要预先涂胶的零配件则可以由专业涂胶/贴合商直接提供。

图 7-38 为一代表性运动鞋的结构图。表 7-1 列出各车间里每一粘接部位、上胶设备类型、胶黏剂类型和每双鞋上的平均用胶量。

图 7-38　代表性运动鞋的结构图（台湾宏盛图片）

1—前包头片；2—大底；3—后跟挡泥板；4—后踵包片；5—鞋领；
6—鞋眼片；7—鞋带；8—饰洞冲孔；9—鞋面；10—边饰片

表 7-1　运动鞋中使用的热熔胶

车间	粘接部位	热熔上胶设备	剂类型	胶重/(克/双)	备注
准备	鞋舌	滚胶机	APO	2.0	必要
	折边	沿边滚胶机	APO	1.0	选用
	商标填充	喷胶机	EVA 或 SBC	1.0~5.0	选用
	中底补强	滚胶机	EVA	1.0	选用
车缝	鞋面/衬布	滚胶机	APO	0.5	必要
	饰片	喷胶机	APO	0.1	必要
	商标	喷胶机	APO	0.1	必要
	鞋眼	滚胶边机	APO	0.2	必要
	鞋面/反口里	喷胶机	APO	6.0	必要
	鞋面/海绵/反口里	喷胶机	APO	6.0	必要
成型	楦头/中底钉合	喷胶机	EVA 或 PA	1.0	必要
	前帮	前帮机	PET	7.0	必要
	腰帮/后帮	腰帮/后帮机	PA	4.5	必要
	贴中底/大底	PUR 滚胶机	PUR	8.0	选用
	固定中底鞋垫	滚胶机	SBC	2.0	选用
	内盒	滚胶机	EVA	4.0	选用
合作供货商	套头片	网点涂胶机	EVA	7.0	必要
	预贴合布	网点涂胶机	EVA	12.0	必要

7.11.1　鞋用热熔胶之上胶设备与涂布方式

　　SBC、EVA、APO 基配方型热熔胶必须先加热成熔融状态，再以适当的上胶设备将热熔胶褙于欲贴合的部位。目前市场上被广泛使用的上胶设备有辊轮机及喷胶机两种（图 7-39）。辊轮机主要配件为一只开放式熔胶槽和一组具有可控制厚薄度刮刀的辊轮。热熔胶通常先被加热至 150~170℃，等胶体熔融后再进行背胶动作。平面鞋材不论是全面或是边缘局部上胶均可选用辊轮机来上胶。喷胶机与辊轮机不同之处为喷胶机除了有一只半密闭式的熔胶槽（通常设定温度为 150~170℃）外还配备了一支可控制喷胶量、喷胶面积的枪体。由于喷枪在喷胶时，并不需要与鞋材接触，可在鞋材上方适当的距离悬空喷胶。因此，平面与不规则表面的鞋材均可以喷胶机来上胶。通常，平面鞋材以辊轮机上胶较为省时与平整。但是边缘沾胶的现象需

(a) 滚胶机

(b) 喷胶机

图 7-39　最常用鞋用胶上胶设备（甲宇图片）

特别注意。由于热熔胶在上胶后大都具有或多或少的表面残留黏性。如果热熔胶经喷胶机或辊轮机上胶后，有部分残胶粘于鞋材的侧面或表面，均会使鞋材表面在后段作业或储存期间遭受污染。解决方法可从研发低表面黏性热熔胶着手，亦可选用点状上胶轮或局部上胶设备来减少上胶部位的面积，如此便可降低侧面溢胶的概率。即使有部分胶点沾于鞋材侧面或表面，亦可以很容易被清除。

　　PA 和 PET 热熔胶都需要专用的设备来加热和贴合。而 PUR 则仅能以专用的 PUR 滚胶机来贴合平底的慢跑鞋和拖鞋。对于其他鞋底和鞋墙形状较为复杂的运动鞋都需要靠微电脑控制的多轴机械臂来喷胶或刷胶（图7-40）。从技术上来说，不管鞋底的材料和形状如何，PUR 都可以获得满意的胶黏强度。然而，要将这种非接触式的 PUR 涂胶工艺全面应用在每一种尺寸的鞋底和不同形状的鞋墙上，设备投资成本相当高，并非一般的运动鞋制造商所能负担。

图 7-40　PUR 专用滚轮机和多轴机械臂喷胶机（甲宇图片）

7.11.2　鞋用热熔胶的物性要求

不同于传统溶剂型胶黏剂的加工性，热熔胶必须加热后才能上胶。并且要在热熔胶仍具有热黏性或压敏性的开放时间内将鞋材贴合。一个适宜的鞋用热熔胶必须同时具备适当的作业性与耐热性。

（1）作业性

① 足够的开放时间：犹如溶剂胶在干燥过程中会逐渐失去可贴合的黏性。热熔胶在离开上胶轮或喷枪后也会迅速被作业环境的温度冷却而逐渐失去热黏性。除了热熔压敏胶外，一般热熔胶可用来热胶黏的开放时间很短暂。如果鞋材的贴合或固定可在短时间内完成，大多数热熔胶的开放时间将不成问题。当贴合或固定的动作复杂，需要较长的时间来作业时，则热熔胶的开放时间必需足够长到贴合或固定的动作完成为止。通常，开放时间愈长的热熔胶，其冷却后的表面残留黏性愈高。热熔压敏胶（不干胶）就具有永久开放的特性，可用来作为通用型的热熔胶。但是，热熔压敏胶如果裸露在鞋材侧面或表面，则会使鞋子在后段加工或储存期间遭受污染。另外，残留黏性高的热熔胶也会在针车时沾于针头造成作业困扰。如何选用最适当开放时间的热熔胶必须同时考虑被胶黏鞋材的特性、上胶设备、与生产线流程的安排。

② 定型速度快：热熔胶定型速度快与慢取决于高分子内部结构建立的速度。当热熔胶在开放时间内完成贴合动作后，热熔胶温度继续下降，分子排列愈来愈紧密，最后回复到像未加热前的高内聚力。定型速度快可防止鞋材被贴合后，因暂时强度不足再度被分开。如果选用开放时间较长的热熔胶，却在很短时间内即完成贴合动作，遇到有张力且需折边贴合的材质，往往会出现未完全定型的热熔胶被延伸或拉丝，进而造成贴合不佳的现象。遇此状况，应延后贴合的时间，等热熔胶建立起适当强度后再行贴合动作。

（2）适当的耐热性　溶剂胶内所含的硬化剂，可在加热烘干过程中行使架桥反应，架桥后的溶剂胶能耐较高的后段加工及运输储存温度。相对于溶剂胶，热熔胶为一种没有加硬化剂或架桥剂的热塑性物质。热熔胶在加热、上胶、冷却过程中只有物理状态发生变化，并没有任何化学键结产生。因此热熔胶的耐热性通常较溶剂胶低。为了确保后段加工或运输储存间不致发生脱胶现象，热熔胶的软化点应尽量提高。但是，不同的高分子主体有不同的分子纠缠现象与抗张强度。热熔胶选用不同的高分子主体，即使软化点相同亦可能呈现不同的耐热性。

下面几个流变图（图 7-41～图 7-43）分别是市场上典型的活动鞋垫、鞋面和鞋后套胶。当然，市场上还有许多成功的鞋用热熔胶产品。

图 7-41　典型鞋面胶（源于中国台湾宏盛）

图 7-42　典型活动鞋垫胶（源于中国台湾宏盛）

图 7-43　典型鞋后套胶（源于中国台湾宏盛）

7.12　防滑热熔复合材料

很多消费品都需要有防滑的特性，例如鼠标垫、区域性小地毯（图 7-44）、桌垫和一些家具和电器的垫脚。橡胶和泡沫塑料本身都具有这种防滑的特性。然而，硫化橡胶还需要靠胶黏剂将其黏在其他材料上。某些泡沫塑料可以直接发泡同时粘接在特定的材料上而不需要外加胶黏剂。但是，预发泡的塑料仍然需要胶黏剂进行贴合。

含有一些增黏树脂的热塑性复合材料则可提供足够的热黏性，在高温下黏在某些材料上，然后在室温赋予良好的防滑性能。未经过改质的纯 SBC 就具有防滑的效果。遗憾的是，大部分工业化 SBC 的熔体黏度都很高，无法在低于 180℃ 的温度下挤出、涂布或喷涂。如果 SBC 的 MI（熔融指数）可提高到非常高的数值，例如 190℃ 的温度下达到 2000g/10min，该 SBC 就可以通过一些商品化的热熔涂胶机直接涂布在需要防滑的材料上。

图 7-44　区域性小地毯防滑胶

在实际的应用中，如果防滑用的热熔复合材料能够很容易地通过常用的热熔技术来涂布，就可以在很多应用市场里取代目前使用的泡沫塑料和硫化橡胶。欲开发 SBC 基的防滑复合材料可以考虑下面两种可能的产品发展方向。首先，尽量提高 SBC 的 MI 值来降低熔体黏度。其次，选择合适的低聚物与 SBC 混合将整体熔体的黏度大幅降低到可加工的温度范围内。此低聚物应同时改善混合材料在高温的热黏性与在室温的低表面黏性。

7.13　保护膜

保护膜的用途甚多，最常见的应用市场在电子、电器、汽车、家具、建材及塑料等业界。他们的面材主要有 PE、PP 及 PET 保护膜用热溶胶需有如下几个特性：高透明性、无晶点、耐候性佳及不残胶。保护膜通常为 $15\mu m$ 胶黏剂和 $35\mu m$ 聚烯烃（PE）的共挤出膜。也可以用涂膜方式来制造保护膜。他们是利用界面处理剂（primer）来粘接胶黏剂和所使用的塑料。

7.14　婴儿用纸尿裤及卫生巾用胶

无纺布（nonwoven）已大量用于如下市场：训练裤、成人用纸尿裤、卫生巾、手术服装、清洁拭纸及其他。比较常见的应用市场是婴儿用纸尿裤及卫生巾（图 7-45，图 7 46）。无纺布与 PE 或纸浆的黏接是靠热熔胶。用于粘接无纺布与 PE 或纸浆通常我们称之为结构胶。用于纸尿裤结构胶的特性是容易喷涂，与 PE、无纺布、纸浆、松紧带有适当黏着力及耐尿湿。而用于卫生巾的背胶可重复定位和不残胶。

图 7-45　婴儿用纸尿裤（源于成铭热熔胶博物馆）

图 7-46　卫生巾（源于成铭热熔胶博物馆）

无纺布用热熔胶之分类与组成可为热塑性橡胶类（SIS、SBS）和聚烯烃类（APAO、EVA）。热熔胶的上胶设备有喷胶或条状押出（120～190℃）。通常，热塑性橡胶类较易喷（螺旋状）而聚烯烃类容易成多线型（multiline）条状押出。但是，热熔胶对基材的黏性，聚烯烃类热熔胶通常比热塑性橡胶类热熔胶好，耐湿性也比较好。为了得到易喷和增高与基材的黏性，最近的热塑性橡胶多引进橡胶相两嵌段来克服当前的困难。如 Asaprene T-438（图 7-47）。典型热塑性橡胶类热熔胶结构胶和背胶的流变图如下（图 7-48，图 7-49）。它们的参考配方分别是：结构胶为 SBS/增黏剂/矿物油（20/60/20），背胶为 SEBS/增黏剂/矿物油（15/60/25）或 SBS/增黏剂/矿物油（25/60/15）。

图 7-47　Asaprene T-438（SBS）流变图（源于中国台湾宏盛）

无纺布用热熔胶发展趋势为低温作业型，双功能型，操作友好型，低温作业型（代表型：约 150℃，目标：约 110℃），可使用更薄的热敏感材质（操作者的安全性），延长在胶槽的储存时间，提高熔胶和加工速度（双功能型），亲水性或添加超吸水剂（帮助吸收流体），添加颜色或香料（美学功能），操作友好型，不可妨碍目前工厂操作之效率（不沾胶或低沾胶于滚轮

图 7-48　典型结构胶流变性（源于中国台湾宏盛）

图 7-49　典型背胶流变性（源于中国台湾宏盛）

和斩刀上，容易清理），具备良好的初期强度供在线裁切，超薄型，选用较薄的原物料（超高分子吸收体，纸浆，干式造纸），选用能帮助吸收流体的热熔胶和基材，改善美学，类似内裤等产品有成长趋势（类似织品的表层，可拉伸的腰部，腿部和侧边，较柔软，静音的被贴物，合身剪裁），护肤功能，护肤之面材添加剂（芦荟油或类似品，乳液，抗微生物药剂）。

　　一个理想的纸尿裤（图7-50）应该有下列功能：双效护肤（skin protection），尿湿显示（wetness indicator），透气表层（breathable cover），超薄及柔软垫层（extra slim & soft padding），超强高分子吸收体（high absorbent polymer），弹性防漏腰围（elastic waistband），立体防漏侧边（standing inner leak guards），随意再贴（refastenable tapes），合身剪裁（baby-contoured design），卫生包装（hygienic packaging）。纸尿裤上热熔胶图解如图7-51。

图 7-50　典型纸尿裤结构（源于 Nordson 资料）

1—containment flap（扇形遏制结构设计）；2—elastic waistband（弹性腰带）；3—transfer layer（转移层）；4—frontal patch（正面贴片）；5—boy & girl zone absorbed（男孩和女孩的吸收区）；6—wetness indicator（湿度指示器）；7—dryness stock（干燥材质）；8—leg elastic（腿部弹性结构）；9—antibacterial & deodorant absorbed（抗菌和除臭吸收剂）；10—cloth-like out cover（布样外套）

图 7-51　纸尿裤上热熔胶图解（源于 Nordson 资料）

7.15　捕鼠、捕蟑螂与昆虫等环保胶

捕鼠胶（图 7-52）性能要求如下：①接着物性：初黏性极高、延伸性长；②使用温度范围：10～40℃；③外观：浅色透明；④气味：无味（可以

图 7-52　捕鼠胶图片（源于成铭热熔胶博物馆）

加香料或诱饵）；⑤作业性：流平性良好，约 200cps（160℃）；⑥储存性：60℃不垂流。APO 基配方通常在 80℃以上可以不垂流。产品可以用纸板涂胶且适合装箱于货柜外销。SBC 基配方要做到装入 60℃以上的货柜而不垂流较困难。

捕蟑螂与昆虫胶（图 7-53）性能要求如下：①非常柔软；②高延伸率；③适当的耐寒性；④适当的耐候性。

图 7-53　捕蟑螂与昆虫胶图片

图 7-54、图 7-55 是市场上典型的 SBC 和 APO 基捕鼠胶流变图。

图 7-54　市场上典型的 SBC 基捕鼠胶流变图

图 7-55　市场上典型的 APO 基捕鼠胶流变图

7.16　化妆品盒胶

　　虽然这个市场热熔压敏胶的用量很小，但是没有热熔压敏胶的使用，仅靠传统的热熔胶，有很多化妆品盒的部件是无法牢固组合。每种化妆品盒的部件贴合时间不尽相同，要求的贴合强度也不同，唯有提供作业简单且胶黏物性能满足实际用途的热熔胶和热熔压敏胶。典型化妆品盒胶如图 7-56。外面的塑料盒必须和玻璃（镜子）有适当的黏接力。市场上典型的化妆品盒胶流变图如图 7-57。

图 7-56　典型化妆品盒胶（源于成铭热熔胶博物馆）

图 7-57　典型化妆品盒胶流变图（源于台湾宏盛）

7.17　汽车用胶

凡是汽车里不用耐热的地方都可以考虑用热熔胶。通常，工业界用防碰撞杆作为参考的界线。比防碰撞杆低的部位，就可以考虑用热熔胶贴合。因为，防碰撞杆下方通常没有持黏力的要求。比如有些汽车车内底部的隔音棉就是用热熔胶贴合。当然还有很多地方可以用热熔胶贴合。在这一节中，我们只讨论车灯胶和车门防水膜或 PP 板。

7.17.1　车灯胶

车灯通常是 PP 与压克力塑料的组合。原来是用气密性很好且能耐热的丁基橡胶做胶黏剂。许多制造车灯的工厂为了制成方便及降低胶黏剂成本，研发了 SBC 基热熔胶取代了丁基橡胶胶黏剂于比较不需要耐热的汽车边灯及尾灯（图 7-58）。因此，SBC 基热熔胶才能进入车灯胶市场。目前需耐高温的前灯多用湿气反应型聚氨酯（PUR）取代传统的丁基橡胶胶黏剂。不管热熔胶的配方为盒，成功的 SBC 基热熔胶都须具有下列特性：①上胶后压合时尽量不垂流；②可压合时间 90s 以上；③通过气密测试；④100℃不能垂流；⑤颜色稳定；⑥对 PP 的附着性佳；⑦易插入性；⑧味道小；⑨可低温操作性。

图 7-58　典型的车灯（源于成铭热熔胶博物馆）

典型车灯胶流变图如图 7-59。

图 7-59　典型车灯胶的流变图（源于中国台湾宏盛）

7.17.2　车门防水膜

在汽车车门上方通常有可活动或上下的玻璃窗。在汽车门内的许多零件通常没有防水。当下雨或洗车时，这些零件会接触水而生锈。因此，在汽车制造厂会在汽车门和零件间贴上一层防水膜或已成型的防水 PP 板。在防水层和车体之间就需要胶黏剂。过去，汽车制造厂会用丁基橡胶做此工作。但是，这种胶的内聚力太低，要完全清除或置换相当困难，因此后段维修比较费时。汽车制造厂因此引进 SBC 基热熔压敏胶取代丁基橡胶。汽车制造厂的程序通常是按照车门的实际形状将已预先涂好热熔压敏胶条（储存在离型纸间）的热熔压敏胶结合车门的防水膜与汽车金属本体。后来，PP 防水板问世，Nordson 的热熔压敏胶发泡机（FoamMelt 和 FoamMix）加上机械手臂可以准确且直接将已发泡的胶条涂到 PP 防水板上（图 7-60）。使用的热熔压敏胶应该对 PP 板有良好的结合力，在做整片 PP 防水板持黏力测试时不会从 PP 防水板脱胶或滑动，否则会导致漏水。典型车门 PP 防水板胶的流变图如图 7-61。

图 7-60　车门 PP 防水板

图 7-61　车门防水板胶的流变图（源于中国台湾宏盛）

后 记

在我年轻初入职场时，胶黏问题一直困扰着我。有一天，一位大学教授告诉我，在美国有两位教授能教这一门科学——胶黏科学。我因此放弃了当时待遇还算优渥的工作到美国学习胶黏科学。当我刚到美国时，家兄带我拜访了一位当时的水性胶黏剂合成专家。这位前辈问我到美国的目的后，告诉我当时的胶黏剂合成专家太多，但是很少人知道胶黏的原因。因此他希望将来我能了解物质能胶黏的原因，作为合成专家和应用市场的桥梁。没想到这一个使命竟成了我一生的志业。

胶黏的理论很多。我喜欢用瞎子摸象的行为来阐述各种胶黏理论。简单地说，很多理论是正确的，但是大部分理论都不够完整。往往会有例外的现象。在几十年间不断的配方开发和实验中，我发现了流变学的优点。研发和配方者在了解流变系数后，就可以很直观地告诉我们胶黏的原因和做配方的方法。用我的语言，首先我们要学会各种流变学得操作方法——制图。接着，我们要理解流变图中每一个数据的意义——解图。最后，我们要有能力修改变配方——改图，仿真竞争产品的流变性或达到预期产品的流变性目标。胶黏科学确实是一门相当冷门却很实用的科学。如果，每一位从业人员如果愿意花点时间，从流变性来了解物质可以胶黏的原因，就能够善用流变学成配方的工具发展出各种胶黏剂配方。

值此人类非常讲究环保的时代，如何善用流变学发展零污染的热熔胶应用于各种胶黏剂市场是每一个胶黏剂从业人员的责任和工作。

参考文献

[1] Compilation of ASTM Standard Definition. third edition. ASTM，1976：630.

[2] Wetzel F H. ASTM Bulletin，1957，221：64-68.

[3] Wetzel F H. Rubber Age，1957，82：291.

[4] Wetzel F H，Alexsander B B. Adhesive Age，1964，28.

[5] Hock C W，Abbott A N. Rubber Age，1957，82：471.

[6] Hock C W. J Polym Sci，1963，C3：139.

[7] DeWalt C. Adhesive Age，1970，3：38.

[8] Fukuzawa K，Kosaka T. Preprints of 6th Symposium on Adhesion and Adhesives，Osaka，Japan，June 5-6，1968：51.

[9] Kamagata K，Kosaka H，Hino K，etal. J Appl Polym Sci，1971，15：483.

[10] Sherriff M，Knibbs R W，Langley P G. J Appl Polym Sci，1973，17：3423.

[11] Dahlquist C A. Proceedings of Nottingham Conference on Adhesion. "Tack" in Adhesion：Fundamentals and Practice. MacLarer & Sons，Ltd. London，1966.

[12] Aubrey D W，Sherriff M. J Polym Sci，Polym，Chem Ed，1978，16：2631.

[13] Aubrey D W，Sherriff M. J Polym Sci，Polym，Chem Ed，1980，18：2597.

[14] Kraus G，Johnes F B，Marrs O L，et al. J Adhesion，1977，8：235.

[15] Kraus G，Rollmann K W. J Appl Polym Sci，1977，21：3311.

[16] Kraus G，Rollmann K W，Gary R A. J Adhesion，1979，10：221.

[17] Kraus G，Hashimoto T. J Appl Polym Sci，1982，27：1745.

[18] Class J B，Chu S G. J Appl Polym Sci，1985，30：805.

[19] Class J B，Chu S G. J Appl Polym Sci，1985，30：815.

[20] Class J B，Chu S G. J Appl Polym Sci，1985，30：825.

[21] Class J B，Chu S G. Presented at the Adhesion Society Meeting，1984.

[22] Chu S G. Viscoelastic Properties of Pressure Sensitive Adhesives. Satas D. 2nd edition. New York：Van Nostrand Reinhold Co Inc，1989：158-203.

[23] Tsaur T T，Chu W K. Technical Seminar Proceedings. PSTC Meeting，1987：178.

[24] Korcz W H，St Clair D J，Ewins Jr E E. Block Copolymers. Satas D. New York：Van Nostrand Reinhold Co. Inc.，1982：220-276.

[25] Schlademan J A，Resins，Satas D. New York：Van Nostrand Reinhold Co Inc，1982：353-369.

[26] Muny R P. Testing Pressure Sensitive Adhesives. Satas D. 3rd edition. Satas & Associates，Warwick，RI，1999：139-152.

[27] 新见英雄. 日本接着协会志.1983，19（9）：409.

[28] 曹通远，应启广. 斜坡滚球初粘性和其他胶粘物性的相关性探讨. 第十三届中国胶粘剂技术与信息交流会，2010.

[29] Satas D. Adhesive Age，1970，13（6）：38-40.

[30] Diefenbach W T. TAPPI，1962，45（11）：840-842.

[31] Salkauskus M J，Paulavicius R B. Zavodskaya Laboratoriya，1976，(8)：879-880.

[32] Satas D，Mihalik R. J Appl Polym Sci，1968，12：2371-2379.

[33] Aubrey D W，Welding G N，Wong T. J Appl Polym Sci，1969，13：2193-2207.

[34] Fukuzawa K J. Adhesion Soc，Japan，1969，5：294.

[35] Johnston J. Adhesive Age，1968，11（4）：20-26.

[36] Gordon J L. Appl Polym Sci，1963，7：625-641.

[37] Gordon J L. Appl Polym Sci，1963，7：643-665.

[38] Bikerman J J. The Science of Adhesive Joints. 2nd edition. New York：Acdemic Press，1968.

[39] Satas D，Egan F. Adhesive Age，1966，9（8）：22-25.

[40] Gorden J L. Treatise on Adhesion Vol. 1. New York：Marcel Dekker Inc，1967.

[41] Kaelble D H. Trans Soc Rheol IV，1960，45-73.

[42] Toyama M，Ito T，Nakatruks H，et al. J Appl Polym Sci，1973，17：3495-3502.

[43] Dahquist C A. ASTM Special Technical Publication No. 360. 66th Annual Meeting Papers，Atlantic City，N J，1963.

[44] Aubrey D W. Development in Adhesives I. London：Applied Science Publishers Ltd，1977：127-156.

[45] Shoraka F. Adhesion and Heat of Peeling of Pressure-Sensitive Tapes. Buffalo：State University of New York，1979.

[46] Rohn C L. Rheology of Pressure Sensitive Adhesives. Satas D. 3rd Edition. Satas & Associates，Warwick，RI，1999：153-170.

[47] Tsaur T. Pressure Sensitive Adhesion Performances at Sub-ambient or Elevated Temperatures，2004 World Adhesive Conference，Beijing，China，2004.

[48] Tsaur A. Tsaur T，Peel Adhesion as a Function of Peel Angel，Peel Rate，and Peel Temperature. PSTC Tech 34，Orlando，FL，USA，2011.

[49] Tsaur A. Tsaur T，The Effect of Bonding and De-bonding Conditions on Peel Adhesion. 2012 World Adhesive Conference，Paris，France，2012.

[50] Tsaur T，The Effect of Mineral Oil on Hot Melt Pressure Sensitive Adhesive. PSTC Tech 32，Orlando，FL，USA，2009.

[51] Tsaur T，The Interaction of Hot Melt Pressure Sensitive Adhesives and Face Stocks. 2008 World Adhesive Conference，Miami，FL，USA，2008.

[52] 曹通远. 压敏性热熔胶耐高温性能探讨. 第八届中国胶黏技术和信息交流及科技成果转让会，2005.

[53] Tsaur T，Wu Z Y. Investigation of the working temperature range for HMPSA，in the CNAIA 12th Adhesives Technology and Information Exchanges Conference，Guangzhou，China，2009.

[54] 曹通远. 热熔压敏胶助推标签环保化. 中国国际标签技术发展论坛，2009.

［55］ 曹通远，叶超群. 塑料地砖加工技术与热熔胶应用. 海峡两岸合成树脂接着剂科技经贸交流研讨会，2008.

［56］ Tsaur T. Introduction of Hot Melt Adhesives Used in Shoemaking Industry. Hot Melt Symposium，Charlotte，NC，USA，2002.

［57］ Tsaur T. Hot Melt Adhesive Application In The Shoemaking Industry，PLACE and Global Hot Melt Symposium，Orlando，FL，USA，2003.

［58］ Tsaur T. Application Techniques of Shoemaking Hot Melt Adhesives，PLACE and Global Hot Melt Symposium，Indianapolis，IN，2004.

［59］ Gaurav S，Metin S. IEEE International Conference on Robotics and Biomimetics，2004.

［60］ Liong S H，Tsuar T，Chin M. Effect of Mixing Time in SIS System. 2016 World Adhesive Conference，Tokyo，Japan，2016.

［61］ Chuan C S. The relationship between probe tack and rheology of PSA. The 6th Conference of Asia Regional Adhesive Council（ARAC），Shanghai，2018.

［62］ Kaelble D H. Theory and Analysis of Peel Adhesion. 3rd edition . Satas & Associates，Warwick，RI，1999：87-120.